シーボルトが持ち帰った琵琶湖の魚たち

細谷和海

もくじ

はじめに

琵琶湖は約400万年の歴史をほこる古代湖で、長い年月をかけてさまざまな生物をはぐくんできました。琵琶湖の主役と言えば、何といっても淡水魚です。淡水魚は種類によってルーツも生態も異なり、同種でも地方や地域によって特色があります。たとえば、北海道のような寒い地域では、川で生まれ栄養豊かな北の海で大きくなるサケがその代表です。琉球列島のような暖かい地域では、本土では海産魚であるはずのボラやタイの仲間が平気で川にいます。本当の意味で淡水魚と呼べるのは、一生を淡水域でくらす純淡水魚に限られます。琵琶湖には約70種の魚が生息していますが、そのほとんどが純淡水魚です。

琵琶湖は広大な湖面に加え、池と変わらない内湖、70にも及ぶ流入河川を備えています。その出口である淀川は氾濫を繰り返した結果、ワンドと呼ばれる池沼ができ上っています。そのため琵琶湖・淀川水系の淡水魚相は、このような複雑な水環境に適応した種々の魚種から成り立っています。それはまだ完全に解明されたわけではありません。実際、21世紀になってもヨドゼゼラ、ビワヨシノボリといった新種がつぎつぎと見つかっています。その反面、琵琶湖の魚にはじめて科学的にアプローチしたのが、実はシーボルトであったことはあまり知られていません。

日本史を学んだことのある人であれば、だれでもシーボルトの名前を聞いたことがあるはずです。シーボルトと言えば、江戸時代末期に日本に西洋医学を伝えたオランダの医務官であることは有名です。同時に鳴滝塾（なるたきじゅく）を開校し、日本の若者たちに最新の科学的情報を伝えたことでもよく知られています。このように、シーボルトが外科医であると同時に博物学者であり、日本に滞在中にありとあらゆるものを収集し、オランダに持ち帰りました。それらの多くは今でもライデンにあるナチュラリス・生物多様性センターに厳重に保管されています。当時、彼が持ち帰った品々と情報はヨーロッパにおける日本学の端緒を開くきっかけにもなったのです。シーボルトの収集物には動植物を問わず、日本に特有の生物が含まれています。シーボルトの活動の場は、鎖国の当時、江戸幕府から外国人に唯一住むことが許された出島（でじま）でした。そのため、水生生物の採集地は有明海など長崎周辺に偏っています。ところが、シーボルトのコレクションの中には、想像以上に琵琶湖にしかいないはずの淡水魚が多く含まれています。そもそも出島に閉じ込められていたはずのシーボルトはどうやって琵琶湖の淡水魚を入手したのでしょうか？

私が琵琶湖の淡水魚に接するようになって半世紀にもなります。かつて瀬田川でモロコ釣りをすれば手のひら大のヤリタナゴや小ボラのようなカワムツが何尾も外道として釣れたもんです。唐橋の橋脚にもんどりをつければ、イチモンジタナゴが酸欠状態になるくらい詰まって採れました。今の瀬田川はどうでしょう。モロコ釣りなどとっくに廃れ、釣れるのはブルーギルとブラックバスばっかり、最近はチャネルキャットフィッシュまで現れ、さながらアメリカで釣りをしているような気分になります。穏やかな湖面を見ていると、今も昔も変わらない錯覚におちいります。私たちは今、琵琶湖の水の世界はすっかり変質してしまっていることを理解すべきです。できることならもともとあった琵琶湖の淡水魚相を取り戻したいものです。それならシーボルト標本の不思議な世界に飛び込み、今から200年前にタイムスリップして、琵琶湖の原風景を確かめてみませんか。

第1章 博物学者シーボルト

1 シーボルトとは

日本人であればシーボルトのことを聞いたことがあるかもしれません。そのイメージといえば、何と言ってもオランダの医師で、江戸時代後期に長崎を舞台に近代的な西洋医学を日本にもたらした人物と思い浮かべるに違いありません。そればかりか、彼は博物学にも詳しく、それらの知識と情報を日本の若者たちに伝えたことはよく知られています。

長崎までの道のり

シーボルトは実はドイツ人で、1796年、南ドイツのヴュルツブルクに生まれました（図1-1）。ですから、標準ドイツ語に忠実に従えば、「ジーボルト」と表記するのが正しいです。実際、斎藤信（まこと）さんの訳本（1967）ではジーボルト著となっています。ただ、Siebold を発音するとしたら、南ドイツのバイエルン地方ではZよりもSの音に近いようなので、日本語で表記するならばやはり「シーボルト」が正しいようです。シーボルトはもともと医師の家系で、ヴュルツブルク大学では医学はもちろん、植物学、動物学、地理学などについても学んでいます。卒業後はオランダ・ライデンにある王立自然史博物館（現ナチュラリス・生物多様性センター：以降ナチュラリスと表記）に出入りするようになり、博物学の見識を深めました。そのことが、そ

図1-1 現在のオランダとドイツ

図1-2 若き日のシーボルト 川原慶賀筆
長崎歴史文化博物館所蔵

の後の日本における蘭学の普及に大きく役に立ったのです。

シーボルトはオランダからいきなり日本に来たわけではありません。まずは、1822年にオランダ東インド会社付の医官となることができました（図1-2）。当時の世界情勢からすると、ドイツはいくつかの小国に分かれており、シーボルトの国籍もヴュルツブルク司教領、バイエルン王国、ドイツなど目まぐるしく変わりました。同時にオランダとドイツの境もあいまいでした。実際、当時のオランダで話されていた言語は「低地ドイツ語」、一方、ヴュルツブルクでは「高地ドイツ語」で、相互に関係があったのです。ですから任官の申請に当たり南ドイツに住む「高地ドイツ人」が「山オランダ人」と訳されたので、運よくオランダ国籍が認められたのです。

彼はさっそく1823年にインドネシアのバタヴィアに赴任しました。バタヴィアとは現在のインドネシアの首都ジャカルタのことで、本当はインドネシア語ではバタフィアと発音・表記するのが正しいようです。東インド会社は世界で初めての本格的な株式会社で、主に東南アジアの香辛料を手広く扱っていました。会社と言ってもただの貿易会社ではなく、植民地の統括、条約の締結、軍隊の交戦権などの特権が与えられた大使館としての機能も備えていました。実際、1858年に締結された日蘭修好通商条約では商館長はそのまま外交代表に任命され、1860年には商館はオランダ総領事館を兼ねるようになっています。商館員であったシーボルトはやがてオランダ政府から学術調査の命を受け、まもなく日本に任官することになり、1823年（文政6）8月についに長崎出島に入りました。

長崎のシーボルト

オランダ人たちは原則、出島から外に出ることが禁じられていましたが、シーボルトはやがて長崎奉行所の許可を得て鳴滝塾を開設し、西洋医学を日本に伝えはじめました。鳴滝塾には学生の宿舎や診療室それに薬草園までが作られ、シーボルトは鳴滝塾に週1回出向くことが許されました。そこでは実地診療や医学上の臨床講義はもちろんのこと、博物学などさまざまな分野の学問の講義が行われました。その結果、小関三英（こせきさんえい）、高野長英（ちょうえい）、伊東玄朴（げんぼく）、美馬（みま）順三、二宮（にのみや）敬作といった蘭学の逸材を育てることに成功します。彼らは、単にシーボルトの学生にとどまらず、弟子としてシーボルトが望む日本の自然物や産品の収集に大いに貢献しているのです。

図1-3 楠本滝(1807～1865)
シーボルト著『日本』
(九州大学附属図書館所蔵)より

図1-4 シーボルトと滝の娘、楠本イネ(1827～1903)
長崎歴史文化博物館所蔵

図1-5 シーボルトの生誕地にある胸像
胸像の下に立っているのは同地を訪れた筆者

図1-6 シーボルトの胸像の土台に彫られている女児

長崎でのシーボルトといえば、何といってもお滝(たき)さんと娘のおイネを抜きに語ることはできません（図1-3、4）。お滝さんとは出島に勤めていた17歳の遊女「其扇(そのぎ)」のことで、本名を楠本(くすもと)滝といいます。シーボルトは彼女をこよなく愛していました。その証拠にシーボルトがアジサイを学術的に新種記載した時には、お滝さんの名前にあやかって"*Hydrangea otaksa*"（お滝さんの水の容器の意）と命名したくらいです。ただ、アジサイの学名はすでにつけられていたので、残念ながらこの学名は現在有効ではないとされています。当時、一般の日本人は出島に入ることはできませんでしたが、遊女だけは別でした。1827年（文政10）には、二人の間に娘のおイネが誕生します。おイネ、すなわち楠本イネは、のちに日本人で女性初の西洋医学による産科医として知られるようになりました。

シーボルトが後にシーボルト事件を起こして国外追放となった時、おイネはまだ2歳の幼子(おさなご)でした。おイネに対するシーボルトの追慕はとても深く、故郷に戻ってからもその想いは変わらなかったようです。1882年（明治15）に大隈重信(おおくましげのぶ)らの寄付金をもとに、ヴュルツブルクに建てられたシーボルトの胸像の土台は、何人もの日本の子供たちが支えています（図1-6）。中にはかんざしで頭髪を結った女児が書物を読んでいる姿が彫り込まれています。シーボルトのおイネに対する想いが込められているようにも見えました。

シーボルト事件

一般に、シーボルトの負のイメージとしてシーボルト事件はよく知られています。実は、彼は1826年（文政9）オランダ商館長の江戸参府に随行して1ヵ月余り江戸に滞在したことがありました。江戸に向かう途中でシーボルトが見た日本の原風景については、彼の日記『江戸参府紀行』に詳しく記されています。その内容についてはあとで詳しく説明することにしましょう。シーボルトは江戸滞在中に高橋景保らの蘭学者とも親しくなり、研究交流を幾度か持ちました。その後シーボルトは1830年（文政13）に任期が満ちて帰国することになりました。運悪く彼が乗った船は嵐によって戻されてしまい、積み荷が調べられたところ、国外への持ち出すことができないはずのご禁制品が見つかってしまったのです。

それは伊能忠敬の『大日本沿海輿地全図』のコピーでした（図1-7）。伊能忠敬が自らの足で日本列島をくまなく回って測量し作り上げた、世界でも類を見ないほどの緻密な地図でした。シーボルトが日本の正確な情報をオランダ政府に伝えたいという思いもあったかもしれませんが、地図を提供した高橋はシーボルトが持っていた『フォン・クルーゼンシュテルン世界周航記』とオランダ領のアジア地図などに惹かれ、交換を持ちかけたとも言われています。事件後、高橋は逮捕され、裁判の途中に獄中で死亡しました。同時にシーボルトもとうとう国外追放となってしまったのです。近年では、シーボルト事件の直接の原因として、伊能忠敬の弟子であった間宮林蔵が、高橋による日本地図の譲り渡しを上司に密告した結果、発覚したという説の方が有力です。

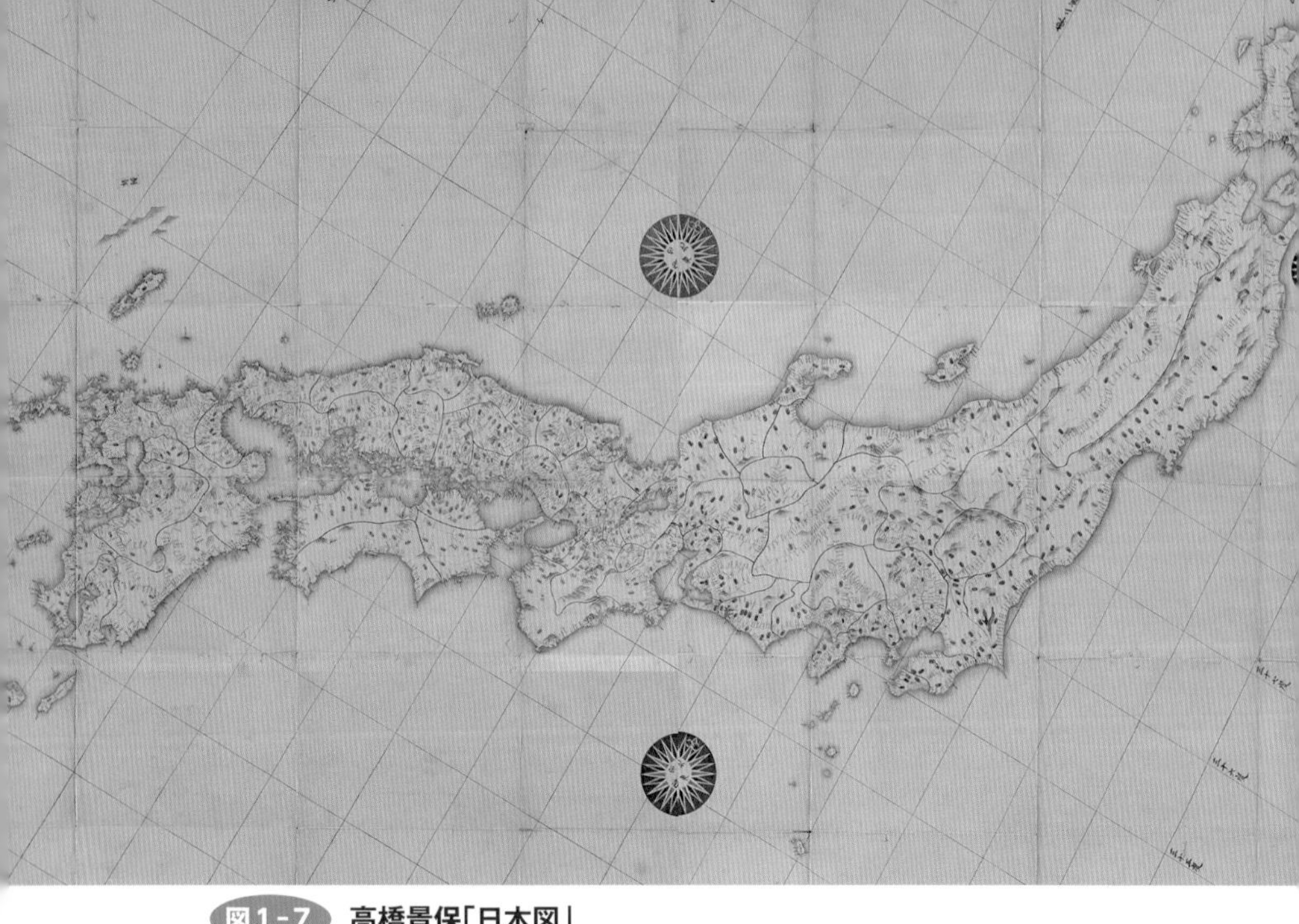

図1-7 **高橋景保「日本図」**

1827年（文政10）頃　国立国会図書館ウェブサイトより
東日本と西日本に分かれている原図を合成

図1-8 **シーボルト著『日本』に付された「日本人作成による原図および天文観測に基づく日本国地図」**

1840年　長崎大学附属図書館経済学部分館所蔵

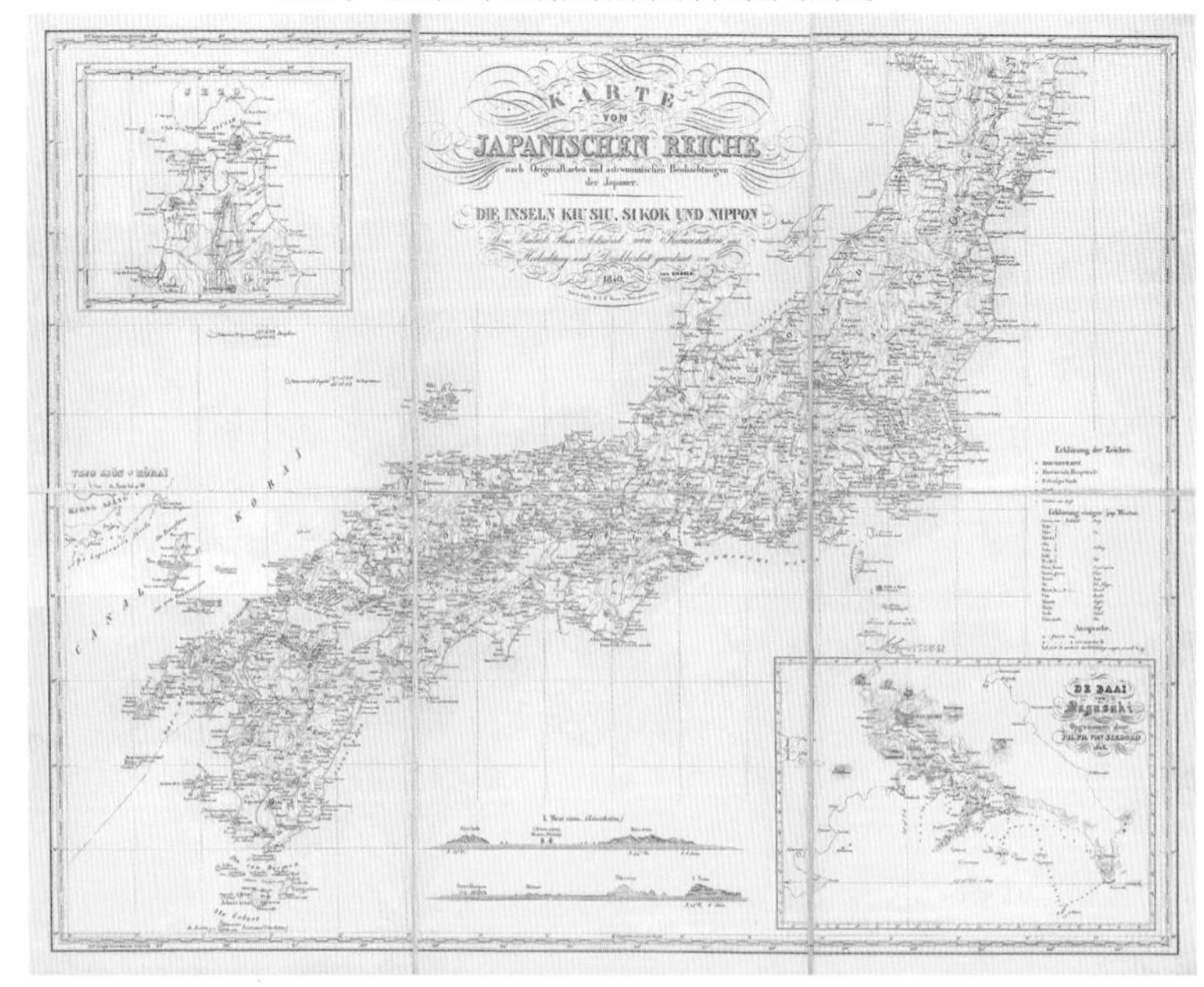

2度目の来日とその後

後ろ髪をひかれる思いでヨーロッパに戻ったシーボルトは、日本で得られた情報をもとに『日本』、『日本動物誌』、『日本植物誌』などの書物を次々に発表しています（図1-8、9）。それ以来、彼はヨーロッパでは日本学の権威と見なされるようになりました。さらに、オランダ国王を動かして幕府に開国を勧める親書を起草するなど、政治的にも日本との関わりをもつようになります。

そのかいあって、1858年（安政5）日蘭修好通商条約の締結とともにシーボルトの追放令は解かれ、翌年にシーボルトは念願の再来日を果たしたのです。実は、シーボルトはシーボルト事件後オランダに戻ってからヘレーネと再婚し、3人の息子と2人の娘をもうけました。再来日には長男のアレキサンダーと次男のハインリヒもいっしょに連れてきています。

その後、アレキサンダーは、明治政府の通訳官として40年間も働きました。一方、ハインリヒも日本でオーストリア・ハンガリー公使館の通訳官を務めるかたわら、父の日本研究を継承し、考古学や民俗学の調査を進め、美術品も収集しているのです。このことから、父のフィリップを「大シーボルト」、次男のハインリッヒを「小シーボルト」と区別することがあります。オランダで再婚したとはいうものの、シーボルトにしてみれば、いっときも日本に残したお滝とおイネのことが忘れられなかったようです。実際、再来日で2人に再会したシーボルトは、持参した毛髪をお滝とおイネに見せ、「いかなる日も、決してお前たちのことを忘れたことはない」と言ったそうです。

シーボルトは約3年間日本に滞在したのち、オランダに戻りました。帰国後ヨーロッパではいくつものの博覧会や展示会を開催し、日本の紹介に努めました。しかし、1866年10月18日にドイツ・ミュンヘンで風邪をこじらせて敗血症となり、とうとう亡くなってしまいました。シーボルトは日本に西洋の近代文化を、同時に西洋に日本の伝統的文化を伝えるために、70年という生涯をささげたといえるでしょう。

図1-9

シーボルト著『日本』

上から順に表紙、
東海道―湖の眺め―琵琶湖、
東海道―瀬田川と瀬田橋の眺め
九州大学附属図書館所蔵

2 シーボルトのカメラ役・川原慶賀

シーボルトが生涯をかけて成し遂げた大きな仕事に、大著『日本』全22巻（20巻＋イギリスの出版社の2巻）の出版があります。これにはまるで写真のような絵が添えられています（図1-9）。その画質は遠近法を取り入れた写実的なもので、カメラのなかった当時、日本の状況を客観的に知るきわめて重要な情報を提供しました。マルコ・ポーロが『東方見聞録』の中で「ジパング」を紹介した13世紀以降、それに触発されたヨーロッパでは、時代とともになぞの国、日本への関心が一段と高まりを見せていました。

この絵を描いたのは川原慶賀（けいが）という日本人で、鎖国状態にあった当時、出島のオランダ商館に唯一出入りの許された絵師でした。彼は通称登与助（とよすけ）と呼ばれ、シーボルトより約10歳年上でしたが、シーボルトの指示をよく受け入れ、日本の風景、人物、民具、動植物などありとあらゆるものを水彩画としてリアルに描くことを請け負いました。江戸東京博物館の小林淳一副館長は、2016年9月に、ドイツで発見された人物画をもとに『江戸時代人物画帳』（朝日新聞出版）を出版されました。その本には川原慶賀が描いた109人もの日本人の姿が描かれています（図2-1）。不思議なことに、そのほとんどが武士ではなく農民や商人などごくごく一般的な庶民ばかりで、まるで200年前のカラー写真を見ているような気持ちになります。描画の背景には、シーボルトがありのままの日本の風情を可能な限り多くヨーロッパに伝えたいという思いがあったのでしょう。

川原慶賀が描いた一番の大作は、ライデン国立民族博物館が所蔵している、1836年（天保7）頃に長崎港を描いた屏風です。これは彼自身の作品の中でもっとも大きなサイズの作品に相当し、現在多くの研究者が注目しています。なぜなら当時としては見ることができなかったはずの上空から俯瞰した初めての作品だからです。このことは慶賀が空想を超えた精緻な復元力も備えていたことの証拠です。近年、京都から専門職人をライデンまで呼び寄せ、2年もかけて修復しました。現在、オランダ国立民族博物館は、専用アプリ「出島エクスペリエンス」を開発したので、世界中どこにいても屏風を見ることができるようになりました。

川原慶賀は当初、商館員の求めに応じ、長崎の風俗画や風景画を描いていました（図2-2）。

図2-1 『江戸時代人物画帳』
小林淳一編著、朝日新聞出版、2016年

川原家は代々絵師の家系で、慶賀の父、川原香山もまた優秀な絵師でした。さらに慶賀の息子、川原盧谷も父に学び、浮世絵や洋風画を描いたとされています。慶賀は、父に絵の手ほどきを受けていたようですが、その技法は伝統的な日本風の画風で、科学的描画を望むシーボルトの思い描くものとは異なっていました。そこでシーボルトは、バタヴィア総督

図2-2 川原慶賀筆「長崎港図」
1826年、長崎歴史文化博物館所蔵

にヨーロッパ人の画家を出島に派遣するよう要請しました。バタヴィアにはアジアでの貿易独占権を与えられた特許会社、有名なオランダ東インド会社の本拠地がありました。その任を受けたのがデ・フィレニューフェでした。彼はかならずしも専門家ではありませんでしたが、かなりの絵心があり、妻とともに長崎に赴任してきました。デ・フィレニューフェは、すぐに川原慶賀に西洋の最新の画法を伝えました。

魚類のスケッチに注目してみると、シーボルトはスケッチのひな型として、フランスの博物学者ラ・セペドゥとキュビエによる著作『魚類の自然史』をまねるよう指示したようです。これをきっかけに川原慶賀の描く絵はあいまいさを残す芸術作品から、写真のような写実的な科学的作品に変貌（へんぼう）したのです（図2-3〜6）。

川原慶賀が描いた図をよくみてみると、その鮮度は魚種によって異なります。海産魚や広域分布する淡水魚については色も鮮やかな絵として表されています。これらの魚は長崎周辺で漁獲されたのちすぐに新鮮な状態のまま川原慶賀のもとに持ち込まれたものでしょう。これに対して、琵琶湖の固有種に関する限り、あまり色の鮮やかな絵は見当たりません。川原慶賀は確かにオランダ人たちの江戸参府に随行しましたが、実際には風景画を写生することで手いっぱいで、さすがに旅先で得た魚については自身で描かなかったのか、あるいは忠実に活魚の体色を書き写す余裕がなかったのでしょう。

のちにシーボルト事件（ご禁制の日本地図持ち出し未遂事件）を起こした罪で、日本を去ることを余儀なくされたシーボルトは、後任のビュルガーにドイツ語で書いたかなり長い申し送り書を残しています。その中では日本のすべての魚類を川原慶賀に引き続き描かせるよう指示しています。結果、慶賀に描かせた魚の絵の数はシーボルトが約100点、ビュルガーが約400点、合計約500点にも上りました。これらがいわゆる「慶賀魚図」と呼ばれるものです。しかし、このうち最終的にオランダ国立自然史博物館（現ナチュラリス）に届けられたのは256点でした。長崎を船出してからとりあえずインドネシアで積みなおしをして、再びオランダに向け出帆（しゅっぱん）し、やがてライデンに着くのに半年以上かかったと記録されています。当時の状況を考えれば、積み荷が途中で傷んだり、なくなったりするのはしかたないことなのかもしれません。

『日本動物誌』には哺乳類、鳥類、両生類・爬虫類、魚類、甲殻類の5編があります。香川大学の滝川祐子（ゆうこ）さんの綿密な調査によれば、川原慶賀が描いた図を用いたのは哺乳類編と魚類編だけで、その他の編の図は自然史博物館の学芸員であったシュレーゲル自身か他のヨーロッパ人が描いたことが分かっています。しかも慶賀の図は哺乳類編ではわずかに4点に対して、魚類編では147点もの「慶賀魚図」が転載されているそうです。この数は魚類編に掲載されている161点の図の90%にも達します。だから『日本動物誌』との関係において、川原慶賀がもっとも深くかかわりを持っているのは魚類編ということになります。

「慶賀魚図」は程度の差こそあれ、うろこやひれの条の数、体色や斑紋（はんもん）のパターンなど忠実に描かれており、現在のカラー写真に劣らぬほどの精緻さを誇っています。このような川原慶賀の技量についてシーボルトは絶賛しています。生物分類学では新種を論文にして公表するため

図2-3 **コイ**　*Cyprinus carpio* Linnaeus, 1758
「慶賀魚図」より　オランダ、ナチュラリス・生物多様性センター所蔵
体のプロポーションから野生型と判断されます。

図2-4 **バショウカジキ** *Istiophorus platypterus* (Shaw, 1792)
「慶賀魚図」より　オランダ、ナチュラリス・生物多様性センター所蔵

図2-5 **マツカサウオ** *Monocentris japonica* (Houttuyn, 1782)
「慶賀魚図」より　オランダ、ナチュラリス・生物多様性センター所蔵

図2-6 **シロシュモクザメ** *Sphyrna zygaena* (Linnaeus, 1758)
「慶賀魚図」より　オランダ、ナチュラリス・生物多様性センター所蔵
うっすらとシュレーゲルによる鉛筆書きのメモが読み取れます。

には、新種の特徴を明確に記述し、学名を担うタイプ標本を指定することが絶対条件となります。ところが、「慶賀魚図」を活用した『日本動物誌』魚類編のなかには、カタクチイワシ、ムロアジ、ウロハゼ、ニシキハゼ、ウミヒゴイ（ヒゴイとは無関係でヒメジの仲間）のように図だけで新種記載されているものがあるくらいです（第3章第1節参照）。それほど著者の初代館長テミンクとシュレーゲルは川原慶賀の描いた図を信用していたのでしょう。このことから川原慶賀は江戸時代において、まさにもっとも日本の魚類学に貢献した絵師と言えます。

川原慶賀の優れた技量と業績は、シーボルトとの関係を抜きにしても、それ自体が文化的にも科学的にも個別に評価されるべき対象であることは言うまでもありません。それなのに川原慶賀の生涯についてはあまりよく分かってはいません。彼の生涯を想像するのに、作家のねじめ正一（しょういち）さんがお書きになった小説『シーボルトの眼』は史実に基づいて正確に展開されています。慶賀とシーボルトをはじめとするオランダ商館員たちとのやり取り、それに葛飾（かつしか）北斎の娘とのロマンスなどを通じて、慶賀の素性と心意気が面白おかしく描かれていて、実に興味深い作品です。

3 どこに保管・記録されているのか

オランダに持ち帰った産品

シーボルトはもともと日本の文化や自然に強い関心がありました。ですから6年の滞在期間中に収集したありとあらゆるものをそのままオランダに持ち帰っています。シーボルトがシーボルト事件を起こして日本から追放されたあとは、彼の助手であった薬剤師のハインリッヒ・ビュルガーが彼の後任になりました。彼もまた1834年（天保5）まで収集を続けました。その過程において収集されたシーボルト・コレクションは、動植物や鉱物などの自然史系に関するものから、美術工芸品、絵画、文献など人文・社会学系に関するものまで多岐にわたります。コレクションにはシーボルトのカメラ役だった川原慶賀が描いた絵画も含まれています（第1章第2節参照）。

すべてを合わせるとその数は数万点にも及び、ライデンにあるオランダ国立博物館のいくつかの分館やライデン大学に保管されています。これらは日本人にとっていずれも貴重な知的財産となっているのです。ライデンにあるコレクションの一部は、シーボルトが日本から追放されたあと住居としたシーボルトハウスにも保管されています（図3-1）。そこはシーボルトが日本研究の集大成となる『日本』を12年もかけて執筆した場所でもあります。現在では、当時日本で使用されていた日用雑貨や仏具、絵画、それに彼が活用した医療器具コレクションをだれでも見ることができるように展示してあります。

図3-1 シーボルトハウス

図3-2 シーボルトハウスの門標

魚類標本の行方

シーボルト・コレクションに含まれる動植物には、哺乳類約200、鳥類約900、無脊椎動物約5000、植物約1万2000点などの標本があります。動物標本の大半は、現在、ナチュラリスに厳重に保管されています（図3-3）。なかでも約1500点の魚類コレクションは358種を数え、そのうち165種が当時のヨーロッパでは未知の新種だったのです。本当はもっと多くの個体があったともいわれています。これらの魚類標本は、液浸（アルコールかホルマリン水溶液に浸したもの）もしくは剥製のどちらかの様式で保存されています。日本では魚類を剥製標本にして保存することはあまりしませんが、当時のヨーロッパでは一般受けしやすいように剥製にすることもありました（図3-4）。その理由として、研究する前に展示しなければならない博物館としての使命があったからなのでしょう。

シーボルトとビュルガーが収集した魚類標本のすべてがかならずしもライデンにあるわけではありません。一部の標本は大英自然史博物館、ベルリン自然史博物館、フランス国立自然史博物館にもあります。どうしてでしょうか？　当時、ライデン自然史博物館（現ナチュラリス）はコレクションの充実をはかるために、不足する標本の収集に躍起となっていました。彼らはヨーロッパでは唯一日本と交易できた国でした。その特権を活かして得た収集物を他国の博物館へ売りに出して資金を得たり、望む標本と交換するためにシーボルト・コレクションを利用したからです。淡水魚標本も散逸しましたが、幸いなことに分類の指標となるホロタイプやレクトタイプ（第3章第1節参照）はみなライデンに残されています。

図3-3 ナチュラリス・生物多様性センター

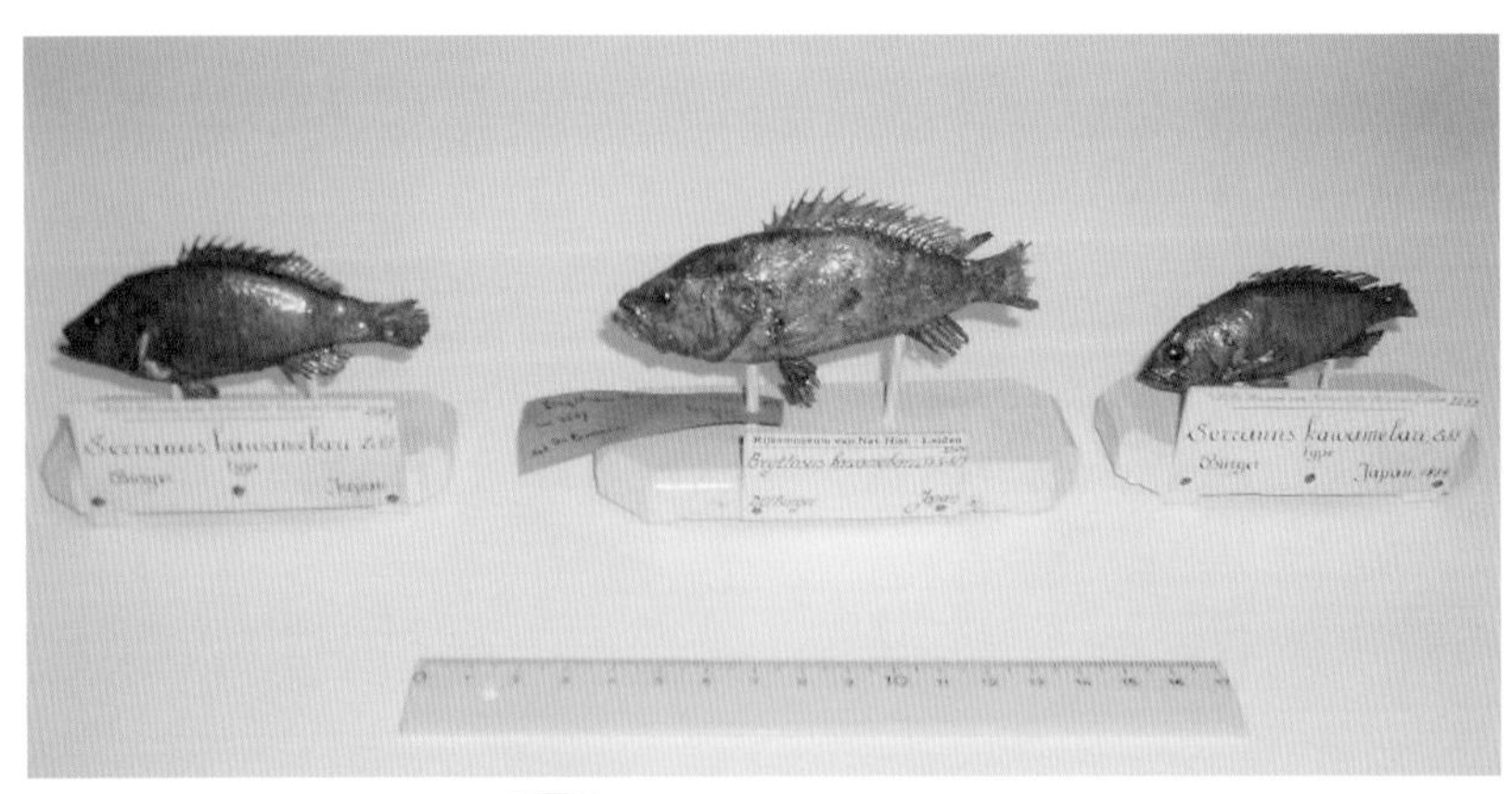

図3-4 オヤニラミの剥製標本

どこに記録されているのか

シーボルト・コレクションのうち生物標本に関する情報は『日本動物誌（Fauna Japonica）』（1833〜50）と『日本植物誌（Flora Japonica）』（1835〜70）として出版されています（図3-5）。『日本動物誌』は「鳥類」、「魚類」、「甲殻類」、「両生・爬虫類」、「哺乳類」の5編に分けられます。「甲殻類編」だけは学芸員のハーンがラテン語で、その他は初代館長のテミンクと学芸員のシュレーゲルがフランス語で書きました。そのうち「魚類編」については、どちらかといえばシュレーゲルが鳥類学者であったテミンクの命を受け、シュレーゲル自身が書いたようです。

シュレーゲルといえば、シュレーゲルアオガエルを思い浮かべる人もいるでしょう。このカエルは外来種ではなく、れっきとした在来種です。シュレーゲルの功績をたたえるために標準和名として献名されているのです。

「魚類編」は日本産魚類の本格的な分類学研究を始めるきっかけとなりました（第1章第1節参照）。

テミンクにしろシュレーゲルにしろ二人とも一度も日本を訪れたこ

図3-5『日本動物誌』表紙
Biodiversity Heritage Library（以下BHL）サイトより

とはありません。『日本動物誌』はあくまでシーボルトの記録集をもとに分類学的に再編されたものです。そもそも出版の構想はシーボルトが温めていたものであり、彼が資金を調達することによって実現できたのです。『日本動物誌』と『日本植物誌』を世に現すことにおいて、シーボルトはいわば総合研究統括者だったといえるでしょう。だからこそシーボルトは当時のヨーロッパにおける日本研究の第一人者として、のちに高く評価されることになるのです。

4 どのように標本にしたのか

シーボルト・コレクションの魚類標本には、液浸標本と剥製標本があります（第1章第3節参照）。シーボルトがオランダに持ち帰った琵琶湖の魚たちは、ことごとく液浸標本として保存されています（第3章参照）。シーボルト一行が、これらの魚たちを江戸参府の道中、琵琶湖周辺で入手したことは言うまでもありません。一般に、液浸標本といえばホルマリンやアルコールを思い浮かべますが、江戸時代にそのような薬品を簡単に調達できるはずがありません。そのかわりにシーボルトは焼酎（しょうちゅう）を用いました。

何に漬け込んだのか

実際、シーボルトがバタビアから長崎へ派遣される際に、外科医として必要な医薬品や手術道具のほかに、ヒ素や昇汞（しょうこう）（塩化第二水銀）など動物の剥製標本を作成するために必要な防腐剤や防虫剤、それに液浸標本を作るのに必要なアラック2樽を用意したそうです。アラックとはナツメヤシ、ブドウ、米、サトウキビなどから作る蒸留酒で、イスラム圏で飲まれるいわば焼酎です（図4−1）。

オランダ人たちが江戸に向かうには、瀬戸内海を船で移動した後、播磨国（兵庫県）の室津に上陸するのが常道でした。ですから室津もまたシーボルトの足跡が残る宿場町でした（第2章参照）。オランダ人の記録によれば、当時、室津の産業として革細工と酒の醸造がありました。酒造りが盛んだったのは、船乗りたちの長い旅路の疲れをいやすのにお酒が必要だからで、おのずと港町に求められた条件だったからです。現在では室津に酒造会社はありませんが、オランダ人はしっかりとアラックの醸造技術を現地の杜氏に伝授していたようです。その証拠に、現在でも室津に近接する姫路で「あらき酒」が製造されています（図4−2）。

これらの状況から、シーボルト一行が室津で固定液を補充した可能性は捨てきれません。しかし、魚類や両生類の収集を目的に綿密に練られた江戸参府の準備品には、最初からアラックがあったと思います。将軍へのお土産など大量の荷物を運ぶのに、中継基点となる大坂までは瀬戸内海を船で運べるので問題はないかもしれませんが、大坂から先は人力で運ばなければなりません。だからバタヴィアからアラック2樽を長崎まで船で運んだとしても、全部を江戸まで持ち込むことは難しいでしょう。おまけにアラックの量にも限りがあるのですから、長崎滞在中に使う分も考えれば、江戸参府の道中で使いきるわけには行かなかったはずです。

おそらく江戸時代によく使われたコンプラ瓶に小分けにして運んだものと予想されます。当

図4-1 インドネシア産のアラック

図4-2 姫路産のあらき酒

図4-3 出島から出土した染付コンプラ瓶

長崎市出島復元整備室提供

時、酒や醬油は日本の重要な輸出品で、東インド会社を通じてコンプラ瓶に詰められ東南アジアやヨーロッパに輸出されていました。コンプラ瓶とは「仲買人（なかがいにん）」を意味するポルトガル語のコンプラドールに由来し、磁器製で徳利（とっくり）を寸胴（ずんどう）にしたような形をしていました。ヨーロッパへの窓口がポルトガルからオランダに代わっても、コンプラ瓶はよく使われていました。実際、出島からはコンプラ瓶がいくつも出土しています（図4−3）。

標本ビンのなかはごちゃごちゃ

シーボルトは日本の動物種を標本として残すのに個体変異を考慮していました。一般に、標本登録を目的に複数の個体からなる生物に一つの登録番号を与えるには、同種であることはもちろんのこと、同じ日に同じ場所で入手されていることが条件となります。シーボルト・コレクションでは、直感で同種と思われるものは同じビンに収められたのち、そのまま一つの登録番号が付けられています。

ところが、同じ日に同じ場所で入手したとはとても思えない異質の個体を含む標本ビンが、分類群を問わず確認されています（第3章第2節アユ参照）。それどころか、分布や生息場所が明らかに異なる近縁別種が同じ標本ビンのなかに収められていることもありました。

困ったことに、それらがシンタイプ（等価標本）（第3章第1節参照）にされているため、分類を混乱させることも珍しくありません。例えばアリアケギバチ *Tachysurus aurantiacus* は6個体のシンタイプから構成されています。そのうち、学名を担うレクトタイプは尾びれ後縁が円みを帯びたアリアケギバチですが、それを補うパラレクトタイプの一つは尾びれ後縁が鋭く切れ込む近縁別種のギギ *T. nudiceps* であることが分かっています（図4-4）。

アリアケギバチの分布域は有明海周辺部、一方、ギギの分布域は九州西部のごく一部の地域から琵琶湖までです。おそらくアリアケギバチは長崎滞在中に、ギギは江戸参府の道中の琵琶湖周辺で入手したものを一つのビンに収めたのでしょう。似たような例は、シマドジョウ *Cobitis biwae* でも報告されています。著者らの研究でもカマツカのタイプシリーズ中にツチフキが、同様にカワヒガイの中にゼゼラがそれぞれ混入していることを確認しています。このような混乱を招いたのは、いくらシーボルトが個体変異を考慮していたとしても、地理的変異や識別の難しい近縁種間の差異にまで思いが及ばなかったからです。

遺伝的解析は可能か

琵琶湖の淡水魚はアラックに漬け込まれたのち、ライデンに送られてから今日まで、保存液はことごとくエチルアルコールに置換されています。魚類標本は、つい最近までホルマリン溶液に保存されるのが一般的でした。ホルマリンは固定力が強い反面、DNA鎖をずたずたに切断してしまいます。そのため、標本を一度でもホルマリン溶液に漬けると、遺伝情報の抽出はきわめて難しくなってしまいます。そこでホルマリン固定標本に残るDNA断片から遺伝情報を引き出す試みが、ここ数十年、鳴り物入りで幾度となく学会に発信されてきました。ところが残念なことに、どれ一つとして実用化には至ってはいません。

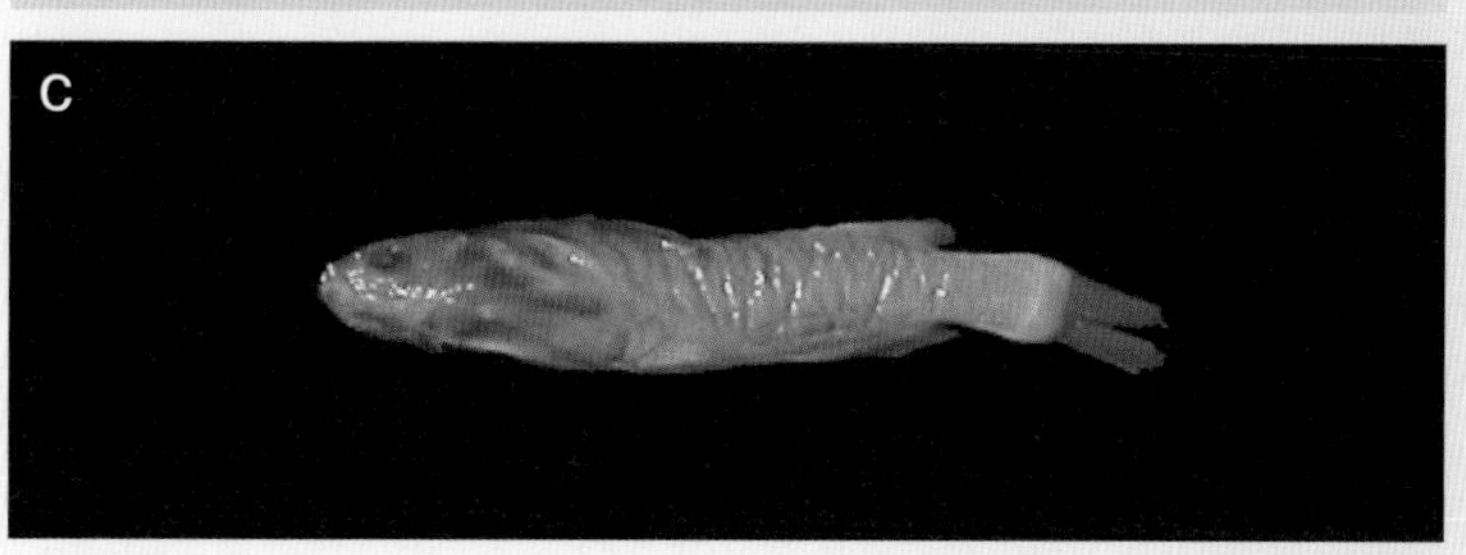

図4-4 シーボルトコレクションの中のアリアケギバチの標本

A　アリアケギバチのレクトタイプ

B　『日本動物誌』魚類編のアリアケギバチ
左右反転　BHLサイトより

C　パラレクトタイプにまぎれていたギギ

アラックとはもともと蒸留酒で、それに含まれるアルコールをたしなむものです。アルコールはDNA鎖に何ら影響を与えないとされています。コロナウイルス対策でアルコール消毒する目的は、あくまでコロナウイルスを保護しているタンパク質膜を壊すことで無毒化することにあります。ですからウイルスの本体であるDNAやRNAなどの核酸を破壊することはないのです。

DNA量がどんなにわずかであっても、現在の技術水準からすれば、PCR法(Polymerase Chain Reaction の略。ポリメラーゼ連鎖反応)を用いれば遺伝子を増幅させることができるはずです。そこで私たちはナチュラリスの許可を得て、同定に遺伝子解析が必要なギンブナを対象に、パラタイプの右体側のうろこと固定液中の粘液を採取し、8検体についてミトコンドリアの一部の遺伝子の構成について調べてみました。DNAは核以外にも呼吸をつかさどるミトコンドリアにも含まれています。制限酵素と呼ばれるはさみ役の化学物質でミトコンドリアに含まれる遺伝子を切断すると、大小長さの異なる断片が得られます。この切断パターンは種に固有と考えられ、電気泳動にかけると複数のバンドとして現れます。

そこでこの方法を用いて解析したのですが、残念ながら、多型として発現が期待されたバンドパターンは現れず、すべて一つのバンドしか得られませんでした(図4-5)。結果として、現在の技術レベルではシーボルト魚類標本からDNAを抽出・増幅し、遺伝子解析することは困難であるという現実が突き付けられたのです。その理由として、当時の標本固定液であったアラックのアルコール濃度が約20%と想定され、保存液としては薄すぎてDNAは分解し、遺伝情報を現在まで保持することに耐えられなかったからと判断しました。

魚類汎用プライマーL15923 PCRで
mtDNA調節領域前半部500bpを増幅

control

シーボルト標本の固定液　・一次固定はアラック（アルコール濃度は20%）
・その後70%アルコールへ置換
・原液が薄くてDNAは増幅できなかった

図4-5　シーボルト・コレクションのギンブナmtDNA切断型パターン
（左レーンの８検体）　細谷、2019より転載

シーボルト自身、状態のよい魚類標本を作製するには手持ちのアラックでは濃度が薄すぎることに気づいていました。そのため、供給先のバタヴィア本部の総督に何度も濃度の高いアラックを送るようリクエストしていました。

しかし、実際には要望はかないませんでした。今となっては、そのつけが魚類多様性研究の進展に回ってきてしまっているのです。

とはいえ、近年の遺伝子解析の技術開発には目を見張るものがあります。やがてシーボルト・コレクション魚類液浸標本から遺伝情報を読み取ることができる日もやってくることでしょう。

第2章　どこで手に入れたのか

1 江戸参府

シーボルトが日本の淡水魚をどこで入手したのかを探るためには、彼の日記を細かく調べる必要があります。江戸時代、日本が鎖国状態にあったとはいえ、オランダ人たちは出島から1歩も外に出られなかったわけではありません。実は、日蘭貿易の円滑をはかり両国の友好関係を維持することを目的に、長崎から江戸までの旅を繰り返していたのです。旅は50～100人規模の隊列が組まれ、おおむね参勤交代で江戸に向かう大名行列と同じ様式で実施されました（図1-1）。

これは江戸参府（さんぷ）とよばれ、オランダ商館長が貿易許可のお礼として、徳川将軍に拝謁（はいえつ）し土産物を献上する一連の行程を指しています。肥前（ひぜん）国の平戸（ひらど）（長崎県平戸市）に商館が開かれた1609年（慶長14）に始まり、1633年（寛永10）に制度化された江戸参府はオランダ人にとって、直接日本と日本人を観察できる唯一の機会でもありました。もちろん旅の予算はオランダ持ちでした。当初は毎年行われていましたが、1790年（寛政2）からは4年に一度に改められました。

シーボルトが同行したのは1826年（文政9）ですが、これは162回目の江戸参府に当たります。シーボルトにとって長崎から江戸までの旅は、まさに日本の生物相に触れる千載一遇（せんざいいちぐう）

図1-1　江戸参府の時のオランダ隊列とさまざまな携帯品（オランダ商館付の医師であったケンペル自身による図）

ケンペル『日本誌』収録。画像はフランス国立図書館サイトより

①商館長の駕籠　②ケンペルの馬

図1-2　シーボルトの長崎から江戸への旅行記『江戸参府紀行』

斎藤信訳、平凡社、1967年

原典は“Nippon”（1832年）の「日本とその隣国および保護国蝦夷・南千島列島・樺太・朝鮮・琉球諸島の記録集」第２章である

のチャンスであったにちがいありません。実際に道中、多くの標本を収集することに成功しています。シーボルトは日本人との付き合い方を心得ていて、お目付け役の検使と下役(したやく)が見逃してくれたことが大きく関係しています。もちろんシーボルト自身が採集や購入したものもあります。加えて、行く先々で彼から西洋医学や博物学を学ぼうとする、日本の在野の研究者がお礼の品々として生物標本を贈っていることも記述されています。

それ以上に、鳴滝塾に在籍する彼の弟子たちをあらかじめ派遣しておき、標本入手の手はずを整えておいたことが功を奏したともいわれています。シーボルトの収集に備えたしたたかさがうかがえます。江戸参府では団員は公式には57人と決められていましたが、実際には107人もいたそうです。その記録についてはシーボルトの紀行文である『江戸参府紀行』やシーボルトが本国に送った『日本報告』に詳しく記されています(図1-2)。

シーボルトが江戸参府した時は約100人もの隊員が江戸に向かいましたが、オランダ人はカピタン(商館長)であるスチュルレル(Johan Willem de Sturler)、医師役のシーボルト、書記役のビュルガーのたった3人だけでした。あとは全員日本人で、公的な立場にあった人たちとして、長崎奉行に所属する、もしくは江戸幕府から派遣された役人が随行しました(表1-1)。それ以外は、通常出島で働く人たちや駕籠(かご)かきなどの輸送に関わる者でした。その中には、もちろん川原慶賀のような絵師や標本作製係などの従者も含まれています。

表1-1　文政９年(1826)の江戸参府の時な主な公的なメンバー

オランダ人

商館長	ヨハン・ウィレム・デ・スチュルレル (Johan Willem de Sturler)
医　師	フィリップ・フォン・シーボルト (Philipp Franz Balthasar von Siebold)
書　記	ハインリヒ・ビュルガー (Heinrich Bürger)

日本人

検使（江戸時代の長崎奉行所所属の警察官）、町使（ちょうじ）（長崎の警備役人）、大通詞（つうじ）・小通詞（通訳）、勘定役（かんじょうやく）（江戸幕府の役人）

図1-3　江戸参府における経路

江戸までの道のり

オランダ人たちがたどった経路は何も特別なものではありませんでした。当時の日本は、旅をするための体制がとても整っていたので、おのずとそれを利用しただけでした。シーボルト自身「世界中で日本人ほど旅行好きな民族はいないだろう」と記しているほどです。江戸時代後期、長崎と江戸の往復には江戸滞在の2~3週間を含めると、およそ3か月かかったそうです。江戸に向かう道のりは3段階に分けられます（図1-3）。

短陸路

最初に九州を長崎街道沿いに進む「短陸路」（オランダ語でKorte landweg）です。この行程にはふつう約1週間かかりました。『江戸参府紀行』によれば、新暦2月15日に出島を立ったシーボルトら一行は、2日後の17日昼すぎには嬉野（佐賀県嬉野市）に到着しています。嬉野は当時から湯治場として有名で、シーボルトとともに「出島の三学者」とよばれていたケンペル（Engelbert Kämpfer）の『日本誌』やツンベルグ（Carl Peter Thunberg）の『江戸参府随行記』にも詳しく記載されています。

シーボルトは、ここでビュルガーに温泉や周囲の河川の水質調査を行わせています。彼らは嬉野を発った後、武雄（佐賀県武雄市）へ移動しています。当時から佐賀平野には六角川から導水された灌漑用水が縦横無尽に走っていました。そこが淡水魚の重要な生息場所となっています。とりわけ『江戸参府紀行』のなかにも魚名があがっているので、嬉野や武雄、白石（佐賀県杵島郡）一帯の水田地帯は、ミナミメダカやオオキンブナのタイプ産地（模式産地。第3章第1

節参照）として可能性が高いと考えられます。

水旅路

往路：次に進むのは下関から瀬戸内海を船で行く「水旅路」（Water reis）です。船路に切り替えるのは旅行期間の短期化と効率化を図ったからです。シーボルトら一行は3月1日に下関を発ってからは6日の早朝、中継地の日比（ひび）（岡山県玉野市）に到着するまでは一切上陸していません。とりあえず出発点である下関には2月23日から28日まで6日間滞在しました。3月1日にようやく船に乗り、7日後には室（むろ）（室津。兵庫県たつの市）に到着しています（図1-4）。

復路：帰りは往路と異なり6月19日に室のかわりに兵庫を出発し、明石海峡を通過しています。途中、シーボルトとビュルガーは休憩目的で与島（よしま）（香川県坂出市（さかいでし））に上陸し、植物相について調査しています。与島といえば瀬戸大橋の橋脚を支える島で、本州と四国を車で移動する人ならかならず立ち寄るサービスエリアです。夕日に照らされて美しく輝く瀬戸内海を見ながら食べる、ここのソフトクリームは大変美味です。残念ながら、今となってはドライバーの誰一人、シーボルトがこの島で休んでいったなんて知らないでしょう。

長陸路

上陸地：室の港から陸路で、ここから先の江戸までは「長陸路」（Lang landweg）または「大陸路」（Groote landweg）とよばれる行程です。江戸参府の時はいつも寄港する室の港について、ケンペルは「港は大して広いわけではないが、四方とも暴風や波浪から守られていて安全」と評価しています。室はそれほど優れた港で、シーボルトの江戸参府では行きにしか立ち寄りませんで

図1-4　現在の室津漁港

図1-5　シーボルト一行が江戸参府の往路で上陸した長陸路の開始点（播磨灘）

図1-6
ナチュラリスに保管されているトキのパラタイプと剥製標本の作製に関わったビュルガーの名が記されている標本ラベル

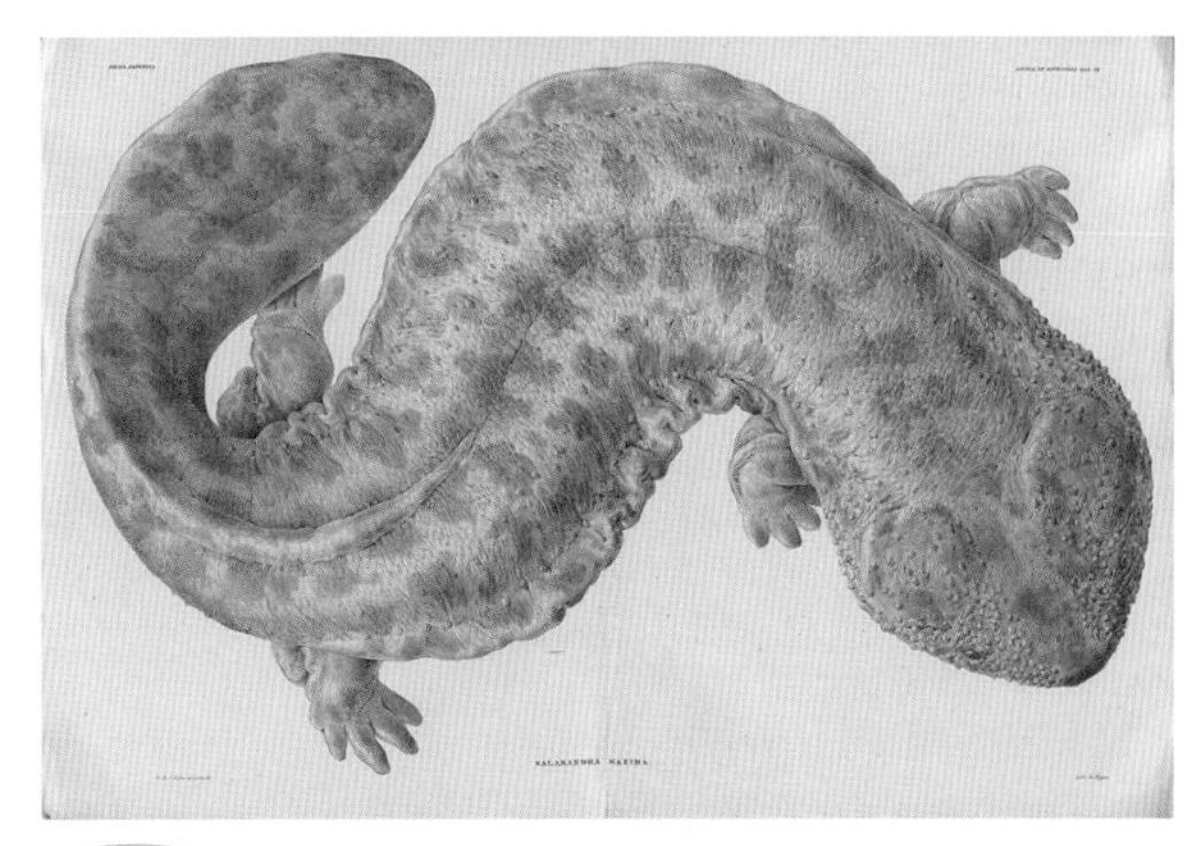

図1-7 **『日本動物誌』両生・爬虫類編に掲載のオオサンショウウオの図版**
BHLサイトより

したが、その足跡は今でもしっかりと残されています。

室から近畿地方を横断し東海道沿いにゆっくり江戸に向かうことになります。その道中で、シーボルトは初めて琵琶湖の魚たちに出会いました。近畿地方における詳細な足取りについては次節に譲ることにしましょう。

東海道：シーボルト一行が大坂、京都、大津を過ぎて琵琶湖を離れ、3月27日には土山（滋賀県甲賀市）から四日市（三重県四日市市）に抜けています。興味深いことに彼らが鈴鹿峠を通り過ぎる時、トキ2羽の剥製を買っています。それらがタイプ標本として現在でもナチュラリスで大切に保管されています（図1-6）。

トキの学名は *Nipponia nippon* Temminck で属名も種小名も「日本」を意味します。それなのに日本の国鳥はトキではなくキジであることを皆さんはご存じですか。トキはいったん絶滅しかかったのですが、環境省の必至な努力により、中国産の個体の種を借りて何とか自然復帰させるところまで数を増やすことができました。濃尾平野を通過した時のシーボルトの日記によれば、江戸時代後期においてトキはすでに珍しい鳥であったようです。鈴鹿山中では生きたオオサンショウウオも入手しました（図1-7）。それらはオランダに持ち帰られた後も、しばらくはアムステルダムのアルティス動物園で生き続けていたようです。

濃尾平野から先、江戸に向かう道中では、3月30日に池鯉鮒（愛知県知立市）で保存の悪いハクチョウとキツネの剥製を購入し、タヌキ、テン、アザラシの毛皮を見たと記しています。翌3月31日に白須賀（静岡県湖西市）と舞阪（静岡県浜松市）の間の遠州灘に面する海岸で、シラウオまたはカイサンヨウとよばれる小魚を採集しています。標本は残されていませんが、フォトエコロジストの新村(にいむら)安雄さんはこの魚が、体は透明で口以外はっきり見えなかったなどの特徴から原索動物のナメクジウオと考えているようです。さらにシーボルトは4月3日に藤枝(ふじえだ)（静岡県藤枝市）の路上で、サメやガンギエイの皮が売られていたことを記しています。

残念ながら、東海道では行きも帰りも魚の記述はこの程度であまり書かれていません。その理由として、シーボルトが主に植物採集に注力したことと、魚類を保存するアラックを歩きながら運搬するには限りがあったためと推測されています。

2 近畿地方での足どり

シーボルトがオランダに持ち帰った日本の淡水魚のうち、ゲンゴロウブナ、ニゴロブナ、ハスなどの琵琶湖・淀川水系の固有種は、日本人の弟子、蘭学の受講者、西洋医学の受診を希望する患者が手土産として長崎まで持ち込んだ可能性もあります。しかし、琵琶湖・淀川水系産と思われる魚類標本が、劣悪な標本の保存状態（第3章参照）やカメラ役の川原慶賀としては完成度の低い白黒で描かれた魚図（第1章第2節参照）から判断すれば、江戸参府の道中、近畿地方で取り急ぎ入手したと考えるのは自然です。

ただし、シーボルト・コレクションの由来を追求するためには、シーボルト自身が実際に入手した場所と漁獲ないしは採集された場所とを分けて考える必要があります。自由行動が制限されるなか、私はどちらかといえば一行が自身で漁獲や採集に頼るよりは、魚屋など宿への出入りの業者を通じて淡水魚を入手した可能性の方が高いと推察しています。そうであるなら、入手先を琵琶湖に限定しないで、当時の淡水魚の販売ルートまで広げて詰める必要があります。

室津、大坂から京都へ

江戸時代、大名たちが西国から江戸に向かう場合、決められたルートに従う必要がありました。商館長であるカピタンを代表とするオランダ商館員たちの一行も同じ街道を進み、本陣などの定宿に泊っています。すでに紹介したように、瀬戸内海から最初に上陸した室津では、肥(ひ)

図2-1 室津にある肥後藩の本陣跡

表2-1 シーボルト一行の往路・復路の日程

往 路

	滞在期間（太陽暦）	宿泊日数
大 坂	3月13日～17日	4泊5日
伏 見	3月17日～18日	1泊2日
京 都	3月18日～25日	7泊8日
草 津	3月25日～26日	1泊2日
土 山	3月26日～27日	1泊2日

復 路

	滞在期間（太陽暦）	宿泊日数
大 津	5月31日～6月1日	1泊2日
京 都	6月1日～6月7日	6泊7日
大 坂	6月7日～6月14日	7泊8日

後藩（現在の熊本県）の本陣に宿をとっています（図2-1）。本陣とは大名、旗本、幕府の役人などの身分の高い人たちが泊まった建物のことです。営業を目的とする「宿屋」とは異なり、地方の問屋や名主（庄屋）などの居宅が指定されることが多かったと言われています。それまで瀬戸内海を旅してきた一行はいよいよ室津からは陸路を東に進み、大坂に到着します。

シーボルトが琵琶湖・淀川水系の淡水魚に初めて出会うことになるのは淀川でした。それは往路では1826年（文政9）3月13日の雪のちらつく寒い日でした。シーボルト一行は、淀川沿いを歩いて上流の京都方面に向かい、復路では夜に船で下りました。その日の日記の中でようやく淀川について「魚がたくさんいる川」と書き記しています。さらに枚方（大阪府枚方市）の水辺の美しさを絶賛し、彼の故郷のマインの谷を思い出させています。

どこで手に入れたのか?

シーボルトらの一行は2月15日に出島を発ち、7月7日には出島へ戻っています。この間、往路では3月18日から25日まで、復路では6月1日から7日まで、つまり行きも帰りも約1週間ずつ京都に滞在することができました（表2-1）。江戸への旅路では、各宿場での滞在は長くてもせいぜい2～3日でした。一方、徳川将軍への謁見や情報収集などさまざまな目的をこなさなければならなかったので、当然のことながら江戸での滞在はもっとも長く、その期間は4月10日～5月18日でした。したがって江戸を除くと、参府の道中で最も長く滞在したのは京都でした。その理由として、文化都市である京都に対するシーボルトの並々ならぬ好奇心が働いたようです。実際、シーボルトはカピタンのケガを取り繕い、京都における滞在期間を引き延ばしたと言われています。

とはいえ、道中オランダ人一行に対する監視は相当きつかったものと思われます。もちろん自由に商店街に出かけて目にしたものなら何でも手に入るような状況ではなかったはずです。そうは言っても同行した長崎奉行所の役人はシーボルトの人となりをよく理解していたので、ある程度は目をつぶっていたようです。そこでシーボルトは京の宿であった海老屋(えびや)に出入りする商人に目を付けたのでしょう。海老屋に商品を届けることができた特定の商人は「定式出入商人(でいりしょうにん)」と呼ばれていました。オランダ人たちが宿泊していた海老屋から京都の食をまかなう錦市場(にしきいちば)は目と鼻の先です。

大阪での滞在期間も短くはなかったので、大阪もまた淡水魚の入手先の候補です(表2-1)。大阪は当時「大坂」と表記されていました。その時から商業都市として栄え、シーボルトにとって手に入れたい物がたくさんあったはずです。実際、復路の6月9日の日記には、「研究に必要な品々の購入や注文に1日を過ごす」と記されています。興味深いことに、それにはなんと絶滅したニホンオオカミも含まれていました。しかし淡水魚の入手先の候補地として京都と大坂を比較すると、京都の方に軍配は上がります。なぜなら、淡水魚それも琵琶湖や淀川の淡水魚を素材にした伝統的料理の種類の多さは京都が圧倒するからです。

肝心かなめの琵琶湖はどうでしょうか? シーボルト一行が初めて琵琶湖を目にしたのは1826年(文政9)の3月25日で、その日は京都から山科(やましな)を抜け、大津の見晴らし台から琵琶湖の景観を楽しんだと記しています。さらに瀬田川を渡り、その日の晩には草津に到着し、宿をとっています。復路では鈴鹿峠を越えて5月30日に東海道51番目の宿、石部宿（滋賀県湖南市）に到着しています。石部近辺では野洲川に連なる水路が縦横無尽に走っていました。その日は降雨後であったことから、シーボルト・コレクションのアユモドキの由来について、新村安雄さんは産卵のために遡上してきた個体ではないかと推定されています。

　とはいうものの、石部近辺の野洲川においてアユモドキの記録はないこと、シーボルト・コレクションの個体は体長5cmほどの幼魚であることからその推論には少し無理があるように思えます。翌5月31日には大津で1泊しています。その日の日記には膳所（滋賀県大津市）ではおいしいコイが食べられると記されています。このことから類推すれば、琵琶湖の淡水魚をこの時に入手したことも考えられます。しかし、琵琶湖については行きも帰りも通りすがりで、カメラ役の川原慶賀にスケッチさせる時間的余裕もなかったでしょうから、そのチャンスは京都に比べれば少なかったように思えます。

　琵琶湖本湖で多獲されるホンモロコは不思議なことにシーボルト・コレクションには含まれていません。シーボルトが江戸参府の途中で、偶然、出会わなかっただけであるのならそれまでです。逆に必然であったならばゲンゴロウブナ、ニゴロブナ、ハスといった琵琶湖の固有種、それにアユモドキの入手先を解くカギとなるかもしれません。これらの淡水魚は錦市場をはじめ京の魚市場で売られていました（図2-2、3）。錦市場には約１５００年もの歴史があり、魚市場から始まったと言われています。商品の淡水魚は、淀魚商人とよばれる仲買人を介して持

図2-2　**京の台所・錦市場**

左　内部の様子

右　伊藤若冲の絵が描かれている入口の看板

図2-3

今でも営業を続ける川魚専門店

琵琶湖・淀川水系の淡水魚がおもな商品

ち込まれることが多かったそうです。それには今では埋め立てられ農地に変えられてしまった巨椋池で漁獲された淡水魚も含まれていたようです。巨椋池は宇治川が氾濫してできた大きな遊水池で、琵琶湖とは異なり泥深く浅い池でしたから沖合を回遊するホンモロコにとって住み心地がよいわけではありません（図2-4）。断定はできませんが、このことはシーボルト・コレクションにホンモロコが含まれていなかった理由かもしれません。

残念なことに『江戸参府紀行』の中に琵琶湖・淀川水系の淡水魚の入手を思わせるような具体的な記述はありません。決定的な証拠がない以上、入手先や漁獲・採集場所を特定するのは現状では正直難しいです。可能性の大小はともかく、琵琶湖周辺・京都・大坂のどれも候補になりえますし、複数の地点からの入手も考えられます。状況証拠を重ねて強引に推論するなら、今のところ私はシーボルト自身が実際に入手した場所として京都で錦市場がもっとも高く、淡水魚が漁獲ないしは採集された場所として琵琶湖や淀川に加え、巨椋池もまた可能性があると考えています。加えて、片桐一男さんがお書きになった『京のオランダ人』（吉川弘文館）によれば、オランダ人の常宿であった海老屋は錦市場からすぐそばの北側にあり、「定式出入商人」だけが出入りを許されていたそうです。彼らがいったい何を海老屋に持ち込んだのか興味を引きます。今後、さらに調査研究を進めていきたいと思っています。

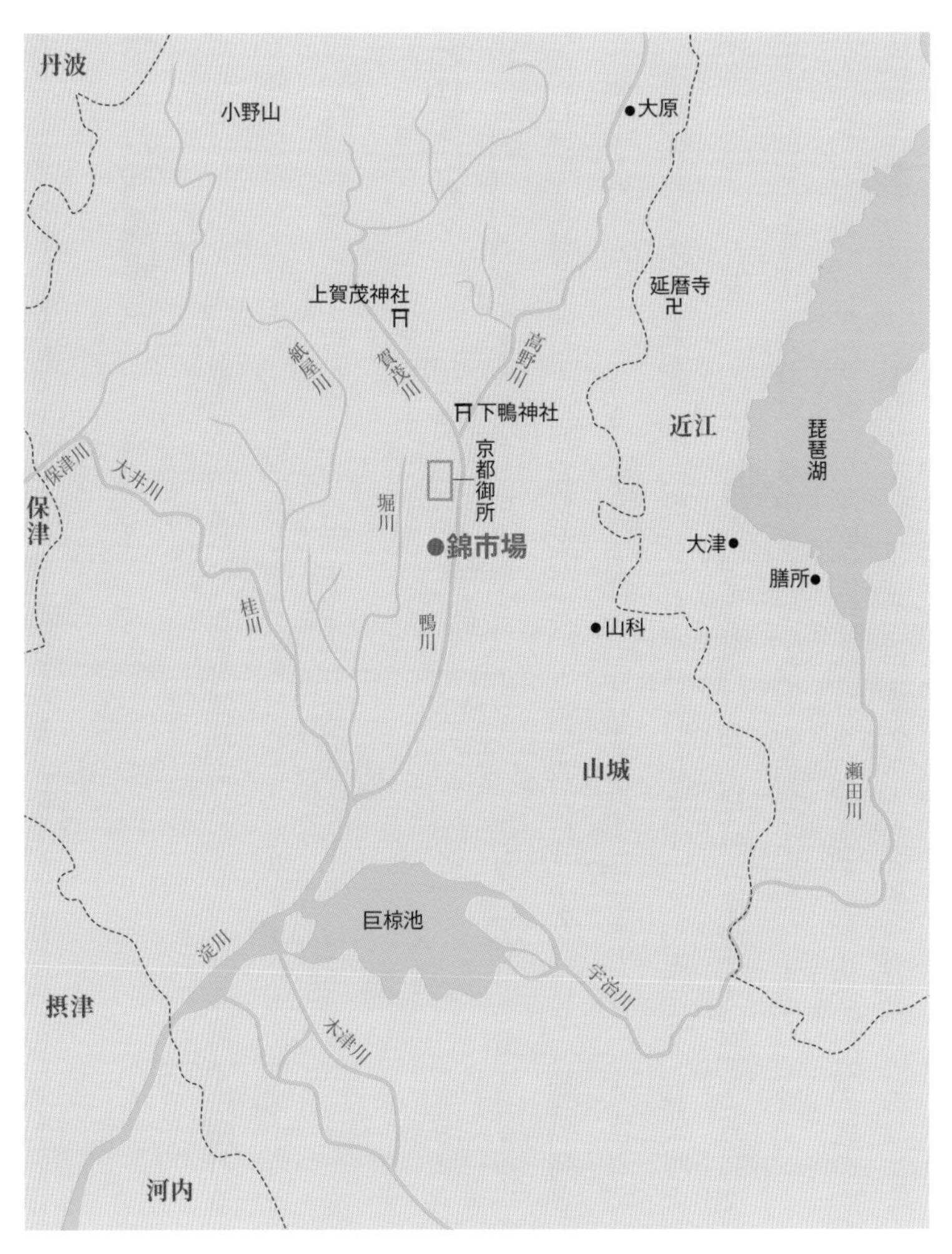

図2-4　江戸時代の京都と巨椋池

第3章 何を持ち帰ったのか

1 分類学の基礎知識

シーボルトがもたらした日本の生物学への功績を評価するためには、分類学に関わるルールを知っておく必要があります。特に学名と命名のもととなったタイプ標本が意味するところを理解していなければ、シーボルト標本の価値を正しく認識することはできません。

学名とはなにか?

生物種には固有の名前があります。日本人なら「ナマズ」といえば誰でも分かります。頭でっかちで尾にむけて細長くなる不恰好(ぶかっこう)な形をしていて、おまけに4本のひげまで備え、何ともユーモラスな顔を思い浮かべでしょう。英語ではナマズ類を広くcatfishと呼び、文字どおり「ネコうお」を意味します。日本語では一般にひらがなで「なまず」とか漢字で「鯰」で表記されることが多いですが、日本語の正式な名前である標準和名は、カタカナで表すように文科省によって定められています。これは文章中でひらがなとの違いを明確にするためです。

厳密な意味でのナマズは東アジアの平野部に広く分布し、池沼や河川の流れの緩やかなところに生息しています。韓国ではナマズを「メギ」と呼んでいます。ですから和名のまま「ナマズ」といっても外国人には伝わらないのは当然のことです。そこで、世界共通の名前を一定の

郵 便 は が き

お手数なが ら切手をお 貼り下さい

5 2 2-0 0 0 4

滋賀県彦根市鳥居本町 655-1

サンライズ出版 行

〒

■ご住所

ふりがな
■お名前　■年齢　歳　男・女

■お電話　■ご職業

■自費出版資料を　希望する・希望しない

■図書目録の送付を　希望する・希望しない

サンライズ出版では、お客様のご了解を得た上で、ご記入いただいた個人情報を、今後の出版企画の参考にさせていただくとともに、愛読者名簿に登録させていただいております。名簿は、当社の刊行物、企画、催しなどのご案内のために利用し、その他の目的では一切利用いたしません（上記業務の一部を外部に委託する場合があります）。

【個人情報の取り扱いおよび開示等に関するお問い合わせ先】
サンライズ出版 編集部　TEL.0749-22-0627

■愛読者名簿に登録してよろしいですか。　□はい　□いいえ

ご記入がないものは「いいえ」として扱わせていただきます。

愛読者カード

ご購読ありがとうございました。今後の出版企画の参考にさせていただきますので、ぜひご意見をお聞かせください。なお、お答えいただきましたデータは出版企画の資料以外には使用いたしません。

●書名

●お買い求めの書店名（所在地）

●本書をお求めになった動機に○印をお付けください。

1．書店でみて　2．広告をみて（新聞・雑誌名　　　　　　　　　）

3．書評をみて（新聞・雑誌名　　　　　　　　　）

4．新刊案内をみて　5．当社ホームページをみて

6．その他（　　　　　　　　　）

●本書についてのご意見・ご感想

購入申込書　小社へ直接ご注文の際ご利用ください。お買上 2,000 円以上は送料無料です。

書名　　　　　　（　　　冊）

書名　　　　　　（　　　冊）

書名　　　　　　（　　　冊）

ルールのもとにつけようと提案したのがスウェーデンの学者、リンネ（Linnaeus）です。世界共通の名前とは学名のことです。一定のルールは現在では動物、植物、細菌に分けられ、それぞれ国際命名規約としてまとめられています。

学名は属名と種小名という二つの要素からなり、いずれもラテン語で表記することを原則としています。ラテン語をあえて使うのは、現在使われていない普遍的な古語だからです。属名は名詞に相当し、大文字で始めます。ドイツ語と同じように男性形、女性形、中性形の三つがあり、単数か複数かによって語尾が変化します。種小名は形容詞に相当し、小文字で始めて性や数を属名に合わさなければなりません。属名と種小名による学名表記の方法を一般に二語名法（にごめいほう）とよびます。学名は生物種のいわば正式名といえますが、それに属名が構成要素となっているのは、生物種の類縁関係を表そうとする強い意図が込められているからです。

このように学名の構成において属名と種小名の結びつきは強く、他の分類学的表記と区別するために、一般に学名をイタリック体（斜体）でそれ以外をローマン体（立体）で表記されるのが普通です。国際動物命名規約（International Code of Zoological Nomenclature）に従えば、ナマズの学名は *Silurus asotus* と表記されます。属名の *Silurus*（シルルス）は文字どおり「ナマズ」を意味し、イギリス・ウェールズにいた勇敢な種族 Silures に由来するものと考えられます。*asotus*（アソトゥス）は「美食家」を意味し、肉食魚であるナマズの嗜好（しこう）を表しています。

実際に魚類図鑑でナマズを調べてみると、学名が *Silurus asotus* Linnaeus, 1758と記されていることが分かります。学名に続く Linnaeus はナマズに最初に学名をつけた命名者すなわちリ

和　　名	ミナミメダカ
原記載の学名	*Poecilia* (属名) *latipes* (種小名) Temminck and Schlegel (命名者), 1846 (命名年)
↓	
現在の学名	*Oryzias latipes*（Temminck and Schlegel, 1846）

図1-1 属名の変更にともなう命名者表記の処置

ンネのことを、1758はナマズを新種記載した命名年をそれぞれ指します。このように学名を「属名」＋「種小名」＋「命名者」＋「命名年」で示すのが正確な表記法です。

さらに図鑑のページをめくり、シーボルトが収集した魚を探していくと、最近メダカがキタノメダカとともに分類学的に二分されたミナミメダカ *Oryzias latipes*（Temminck and Schlegel）に突き当たります。命名者にあるテミンク博士はオランダ王立ライデン自然史博物館の初代館長、シュレーゲル博士は第2代館長、ともにシーボルト・コレクションに基づき日本の多くの生物種に学名を与えています（第1章第3節参照）。

ナマズにはないのにミナミメダカにカッコがついているのはどうしてでしょうか。カッコは後進の研究者によって属名が変更されたことを意味します。ミナミメダカは当初、卵胎生のグッピーの仲間として新種記載されましたが、後年、卵性メダカの新属 *Oryzias* に組み替えられたからです。

タイプ標本とはなにか？

科学的事象を客観的に評価するためには、基準となるモノサシが必要です。分類学ではタイプ標本（模式標本）がそれにあたります。日本では奈良時代以来、薬用となる植物、動物、鉱物などを分類した本草学（ほんぞうがく）に関する書物が数多く出されてきましたが、記載されている生物の真価をめぐり再査や追試ができません。なぜなら標本が残されていないからです。

タイプ標本は生物種を分類学的に定義するうえで基準になるばかりか、生物相の原風景を再現できる証拠物として極めて重要です。

タイプ標本といっても、以下のように役割の異なるタイプ標本がいくつかあります（表1-1）。

ホロタイプ（holotype）

正模式標本または正基準標本ともよばれます。holoは「全体の」とか「完全な」という意味です。新種を記載するときに、原記載の中でその種を代表するような典型的な個体として指定される唯一の標本のことです。ホロタイプは学名を担う絶対的な標本で、ホロタイプが存在するかぎり、その生物の学名はこれを基に決定されることになります。

ヒト *Homo sapiens* にはタイプ標本はありません。そこで、二語名法の考案者であるリンネには、死後、自身の遺体をホロタイプにする意図がありました。同様に、かつてアメリカの著名な古生物学者コープ博士（Edward Drinker Cope, 1840-1897）が死後、白人である自身の骨格をタイプ標本にするよう遺言を残したそうです。さすがに実現はしませんでした。現在、黒人の人種差別撤廃があらゆる面で進められているアメリカでは、白人を優位とする彼の過去の発言が発覚したため、アメリカ魚類・両生・ハ虫類学会は学会誌から100年も続いた"Copeia"の名をはずすことにしました。だったら、かわりに日本人である私の骨格ではだめでしょうか？

パラタイプ（paratype）

副模式標本あるいは副基準標本ともよばれています。paraはギリシャ語由来のラテン語の接頭語で「〜のそばに」とか「〜に近い」の意味です。学名を担うわけではありませんが、ホロタイプでは表現しきれないような種の特性を持つ副次的な標本のことで、原記載で明記されます。新種記載ではパラタイプが

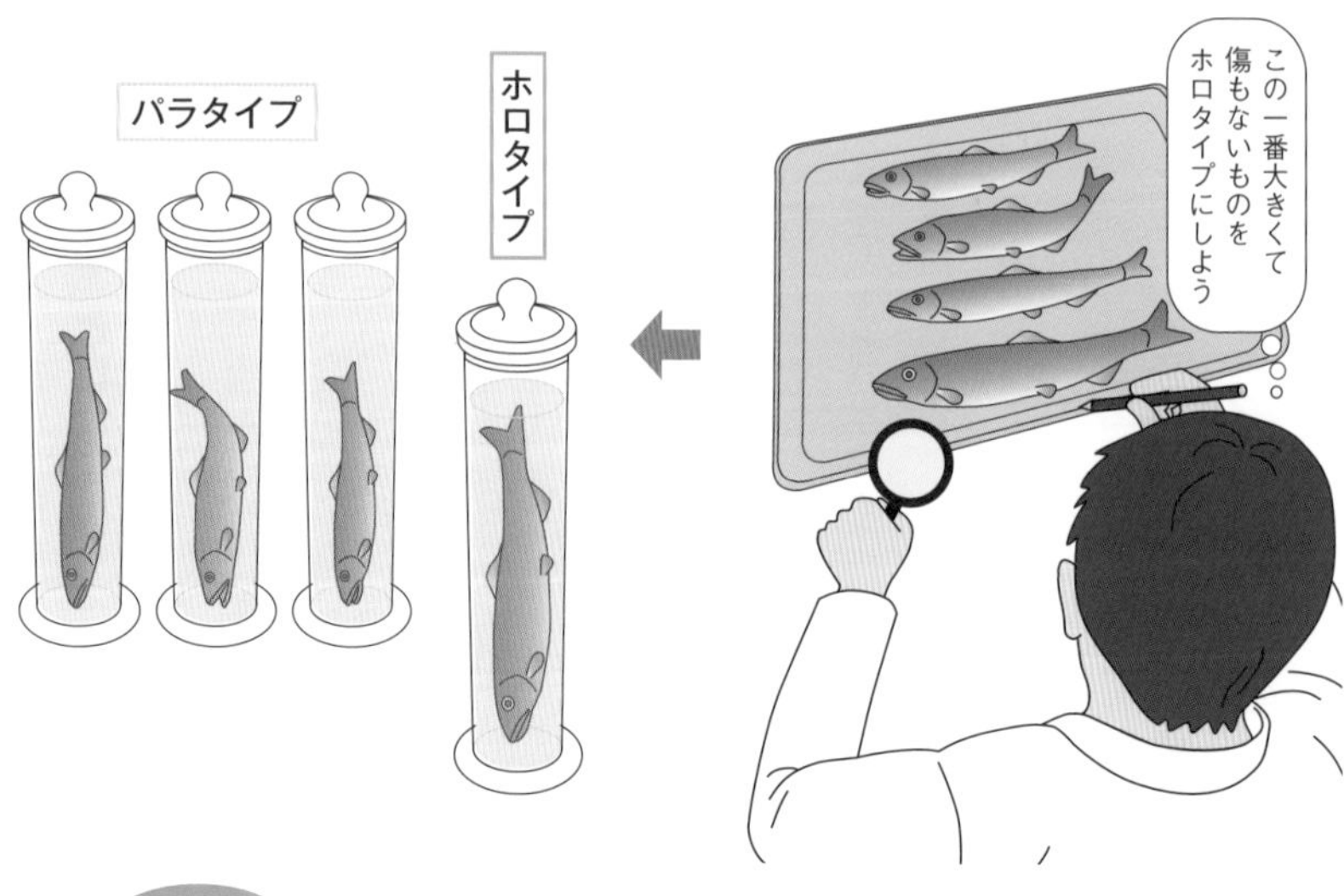

図1-2　学名を担うホロタイプと副次的な模式標本のパラタイプ

表1-1 **さまざまなタイプ標本**

タイプ標本の種類		定義
ホロタイプ（holotype）	正模式標本 または正基準標本 （担名タイプ*）	ある生物を新種として記載する際に必要なタイプ標本のうち、記載論文でただ一つ指定される最も重要な標本。
パラタイプ（paratype）	副模式標本 または副基準標本	タイプ標本のうち、ホロタイプ以外の標本。形態や大きさのばらつきを示すとともに、他の研究者などへ貸し出す際にも用いられる。
シンタイプ（syntype）	等価模式標本 または等価基準標本	タイプ標本のうち、命名者がホロタイプの指定をせずに複数の標本を記載に用いた場合の標本すべて。
レクトタイプ（lectotype）	選定模式標本 または選定基準標本 （担名タイプ）	タイプ標本のうち、ホロタイプが失われた場合や命名者がホロタイプを指定しなかった場合に、新たにシンタイプやパラタイプの中から選定された標本。
アロタイプ（allotype）	別模式標本	ホロタイプと異なる性別の個体の標本。
ネオタイプ（neotype）	新模式標本 または新基準標本 （担名タイプ）	ある生物を最初に命名・記載した際に用いたホロタイプ、シンタイプ、パラタイプのすべてが失われた場合に、原記載をもとに新たに補充した標本。
イコノタイプ（iconotype）		タイプ標本の実物がなく、図像だけで新種記載された場合の図像。
トポタイプ（topotype）		タイプ標本を採集した場所と同じ場所で採集された非公式な標本。

＊学名を任う唯一の個体標本。

指定されなかったり、1個体であったり、複数個体であったりさまざまです。最近の魚類の新種記載に関する分類学的論文では、ことごとくパラタイプが指定されています。

シンタイプ (syntype)

等価模式標本または等価基準標本ともよばれています。synは「いっしょに」とか「同じ」などの意味です。原記載にホロタイプが指定されなかった場合、その論文中で引用されたすべての標本はシンタイプと見なされます。シーボルト標本では、多くの種において複数個体をもとに新種記載されました。この場合、記載のもととなった標本はシンタイプに相当します。確かに、シンタイプであれば個体変異や性差など種としての変異をカバーできます。ただ、シンタイプであると、どの個体が学名を担うのかあいまいなので、分類学的に混乱をもたらす場合があります。

例えば、シンタイプの中に酷似する近縁別種が含まれていると、学名と生物種の間で不整合を起こします。このことはシーボルト標本が抱える最大の課題となっています。実際、カワヒガイ、カマツカ、シマドジョウ、アリアケギバチなどではシンタイプに近縁別種が混入しています（第1章第4節参照）。

レクトタイプ (lectotype)

選定模式標本または選定基準標本ともよばれています。lectoは「選ぶ」という意味です。

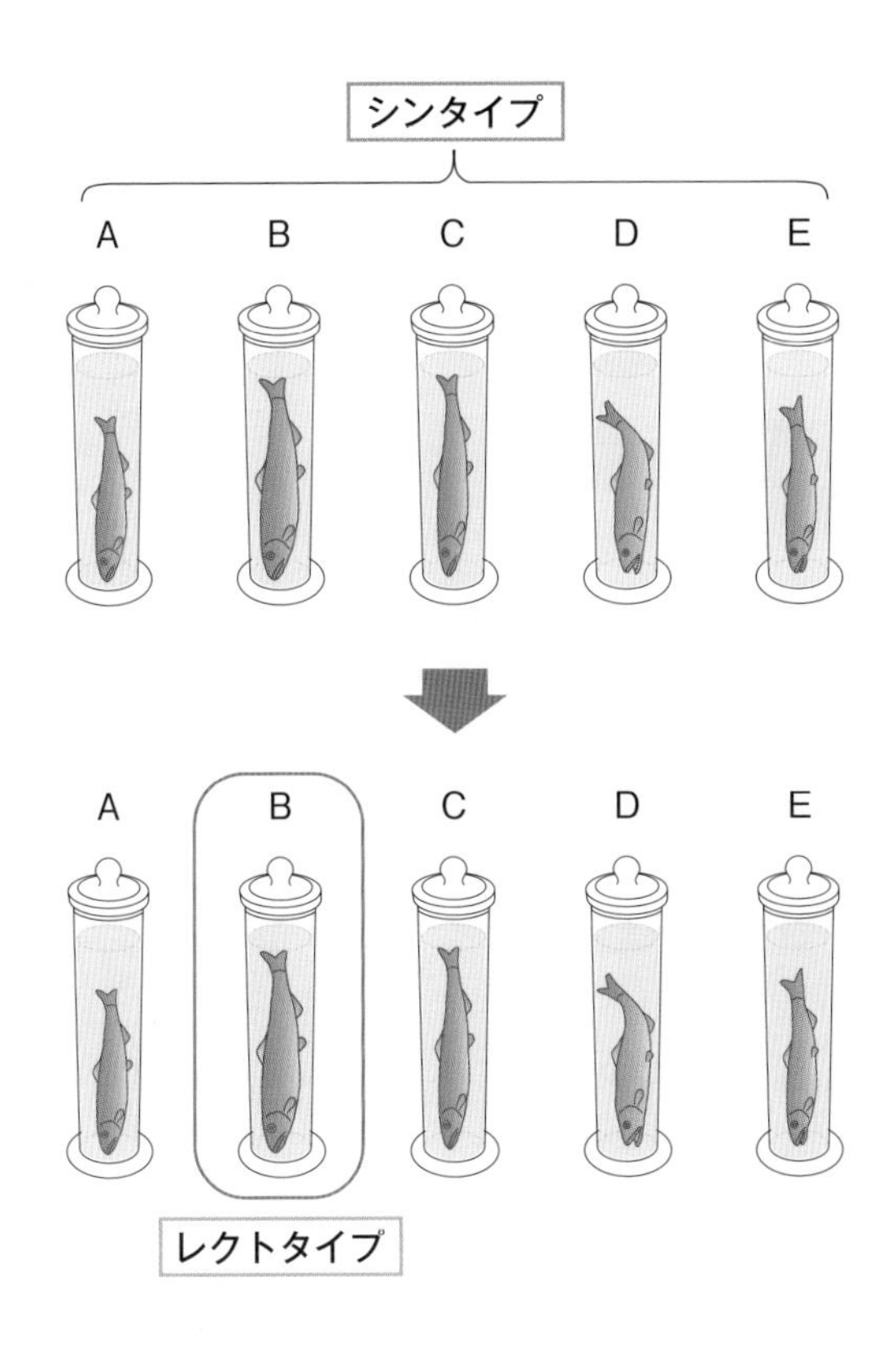

図1-3 シンタイプから学名を担うレクトタイプの指定
レクトタイプ以外はパラレクトタイプになる。

シンタイプでは学名を担う標本がありません。そこでシンタイプの中からその種の特徴をもっとも表す標本を抽出し、ホロタイプと同じ格づけにした標本を指します。シンタイプの中からあらたにレクトタイプが指定されると、残りの学名を担わない標本は自動的にパラレクトタイプ（副選定模式標本または副選定基準標本）に降格します。

オランダ国立自然史博物館の学芸員であったブスマン博士は第二次世界大戦直後、シーボルト標本を精査し、多くの魚種についてレクトタイプを指定しました。彼の選定基準は、原記載である『日本動物誌』魚類編にもっとも適合する個体であること、シンタイプのうち最大個体であること、性差がある場合にはオスであることにあったようです。

syntypes

図1-4

ブスマン博士によってなされたオイカワ *Opsariichthys platypus* のレクトタイプ指定と、それにともなう他標本のパラレクトタイプへの降格

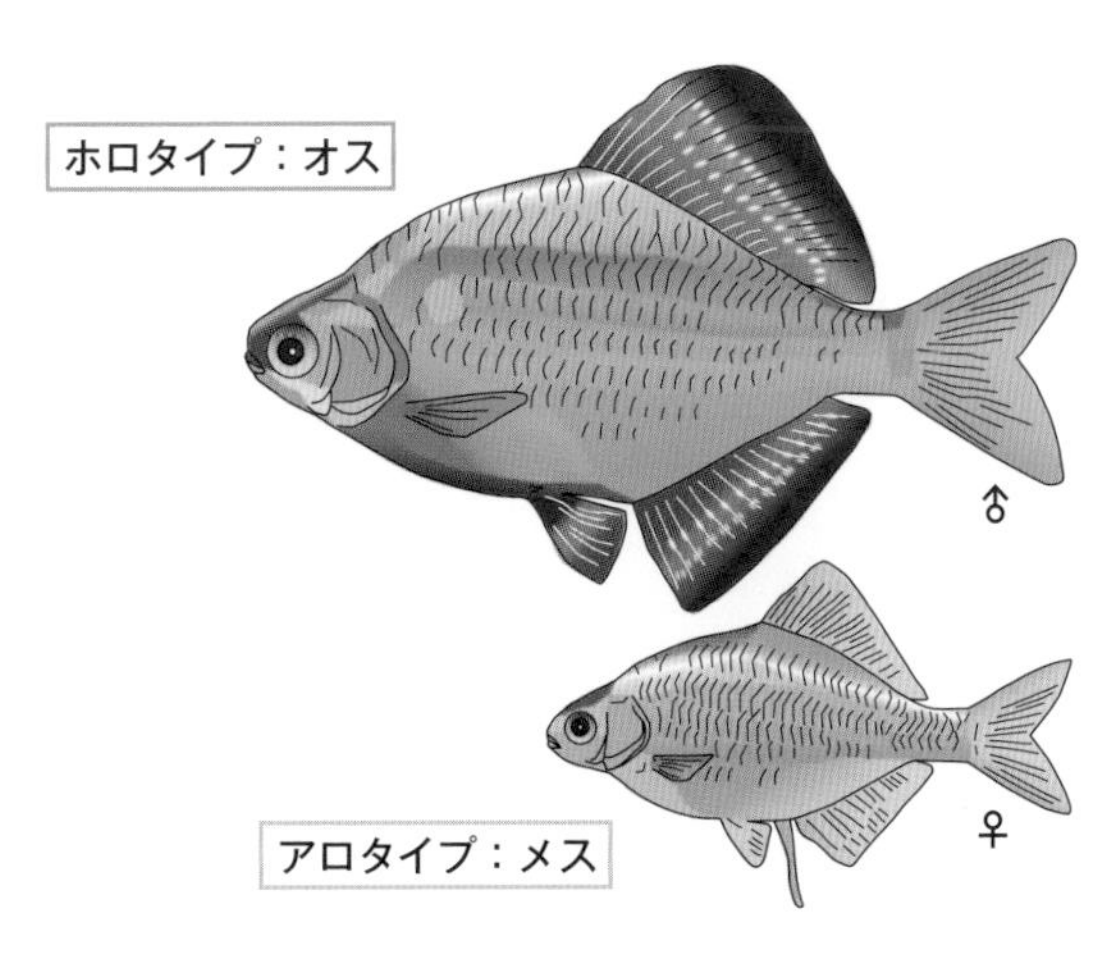

図1-5 ホロタイプとそれと反対の性のアロタイプ

一度レクトタイプが指定されてしまうと、パラレクトタイプとともにシンタイプに戻すことはできなくなります。ですからレクトタイプの指定は慎重でなければなりません。

アロタイプ (allotype)

パラタイプやパラレクトタイプのうち、ホロタイプやレクトタイプとは異なる性別である個体の標本です。allo は「他の」という意味です。もちろん学名を担うことはできません。タナゴ類のようにオスとメスが形態学的に大きく異なる種には有効です。

ネオタイプ (neotype)

新模式標本または新基準標本ともよばれています。neo は「新しい」という意味です。ある生物種の学名を担っていた標本が何らかの理由で消失してしまった場合、やむなく指

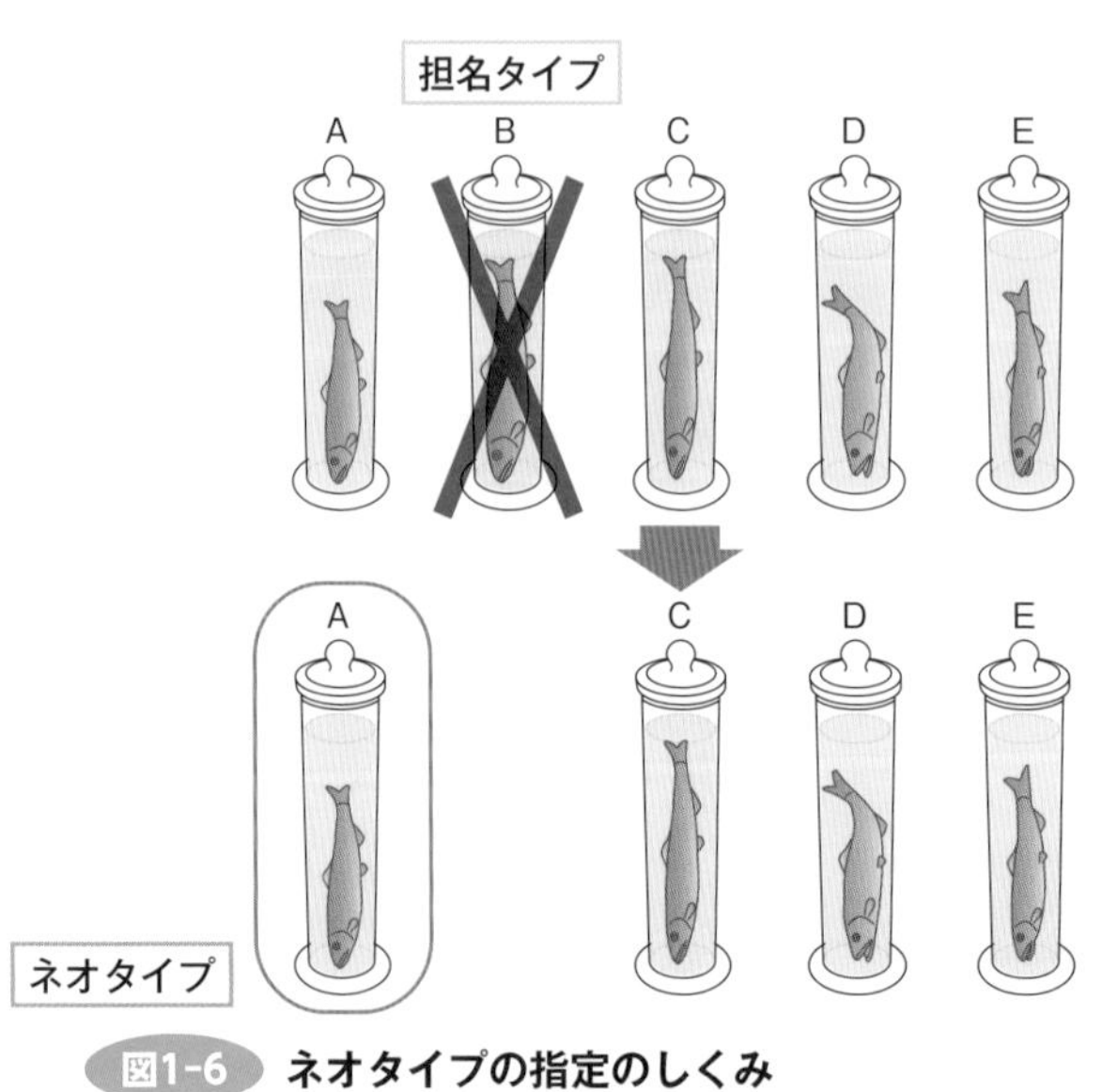

図1-6 ネオタイプの指定のしくみ
A、C、D、Eはもともとタイプ標本ではない普通の個体

定しなおした標本のことを指します。

一般に、それまで学名を担わなかったパラタイプやパラレクトタイプのうちから1個体が昇格します。それでもこれらのタイプ標本がない場合には、さらに原記載を手がかりに普通の個体から新規に作られる標本のことです。

イコノタイプ (iconotype)

古い文献では、標本ではなく図版に基づいて新種記載されることがあります。現在の分類学からすれば好ましいことではありませんが、きちんとした手続きを踏み、二語名法に従い学名を与えているのなら有効と見なされるのです。iconoは「写真」とか「画像」という意味です。

実際、『日本動物誌』魚類編のなかには、カタクチイワシ、ムロアジ、ウロハ

LES MULLES.

1. **Mullus chrysopleuron**, Pl. XII, fig. 1. Ne possédant aucun échantillon de cette espèce, nous publions le dessin qu'en a fait faire Mr. Bürger, tel qu'il nous a été envoyé. Ce voyageur n'a rencontré ce Mulle qu'une seule fois. Selon les habitans du Japon, il serait d'une extrême rareté sur les côtes de ce pays, où il se nomme Akabensasi. L'individu figuré est long d'un pied environ. Il se rapproche de l'Upénéus de Vlaming, et paraît par conséquent appartenir à la division des Mulles ou Upénéus à dents en velours aux mâchoires, au vomer et aux palatins. Mr. Bürger, ayant omis d'examiner les dents du palais, dit seulement que celles des mâchoires sont en velours ras. Dans le vivant, cette espèce est d'un beau rouge de sang, tirant sur les dos et sur la tête au rouge carmin, et sur le ventre au blanchâtre. Les côtés de la poitrine, une large raie occupant la région de la ligne latérale et les yeux sont d'un jaune d'or clair. D. 8 et 1+11; A. 1+7; V. 1+5.

フランス語で書かれた記載文の冒頭には「本種はいかなる標本もないので、ビュルガー氏が送ってくれた図をもとに描き写し、新種の図版として公表する」と書かれています。

現在の属名が原記載の*Mulles*と異なり、*Parupeneus*となっているのは、後発の研究者によって変更されたことを意味し、それを受け命名者がかっこでくくられています。

魚体が右向きになっているのは、石版で印刷する際にやむなく鏡像となったためです。

図1-7　ウミヒゴイ *Parupeneus chrysopleuron* (Temminck and Schlegel, 1843) **の原記載**
『日本動物誌』魚類編　BHLサイトより

ゼ、ニシキハゼ、ウミヒゴイ（ヒゴイとは無関係でヒメジの仲間）のように図だけで新種記載されている魚種があります（図1-7）。同様に、シーボルト・コレクション以外の日本産淡水魚では、イトウ、サクラマス、チカもイコノタイプに基づき新種記載されています。

これらの魚種については、図版そのものがタイプと見なされます。

トポタイプ（topotype）

topoは「場所」という意味です。

模式標本のうちホロタイプ、レクトタイプ、ネオタイプは学名を担う点で極めて重要です。しかし、これらのタイプ標本は1個体のみから成り立っているので、対象とする生物種全体の特性を代弁することはできません。たとえパラタイプや

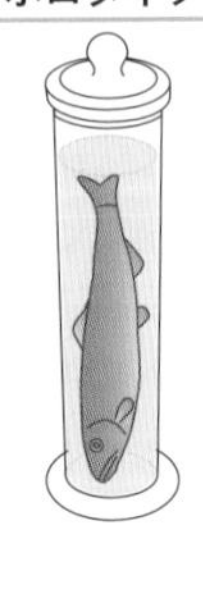

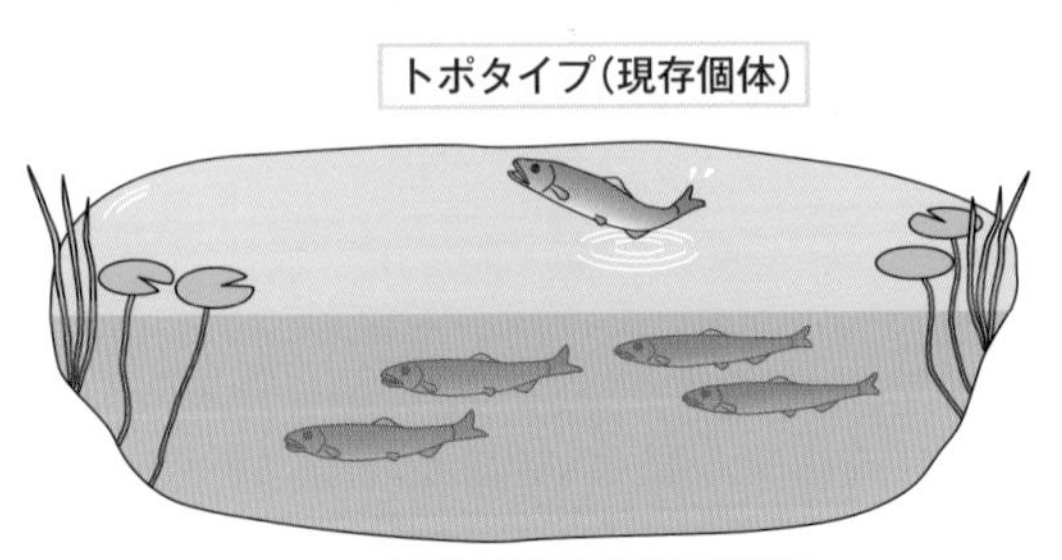

図1-8　死んだ個体のホロタイプと生きた個体のトポタイプ

パラレクトタイプが補うにしても、生物種が備えるすべての変異をカバーしきれるものではありません。とりわけ、生理、生態、発生など生きていなければ把握できない形質をタイプ標本から探ることは不可能です。

ホロタイプなど学名を担う標本が採れた場所を「タイプ産地」または「模式産地」とよびます。タイプ産地に現存する同種の個体をトポタイプとよびます。

トポタイプは直接、分類に関与することはできませんが、ホロタイプなどに不足する情報を補う点では他地域の集団より重要といえるでしょう。琵琶湖はゲンゴロウブナ、ニゴロブナ、ハスなどのタイプ産地です。したがって、琵琶湖で今でも漁獲される魚はいずれもトポタイプに相当します。シーボルトの淡水魚類標本をめぐり分類学的研究をつめるためには、琵琶湖の魚の生きざまを知る必要があるのです。

2 アユ

日本の淡水魚といえば何を思い浮かべるでしょうか。きっと五月(さつき)の空をいろどる鯉のぼり、そうでなければ土用の丑(うし)にこぞって食べるウナギに違いありません。私ならまっさきにアユの名前をあげます。なぜなら清流に棲むアユは食べてよし、その清楚な姿といい日本の里を代表する淡水魚だからです。ところが、日本人ならだれでも知っているアユを、科学の世界に初めて紹介したのがシーボルトであったことは知らないはずです。

シーボルトらがオランダに持ち帰った標本は、王立自然史博物館の初代館長テミンクと学芸員シュレーゲルによって詳しく調べられました。その結果は学術書の『日本動物誌』魚類編にまとめられ、日本の多くの魚に学名がつけられたのです。すなわち新種記載とよばれる分類学的処置です。アユの学名は *Plecoglossus altivelis* と表記されます。属名の *Plecoglossus* はギリシャ語で「編んだような舌」を意味し、アユが持つざらざらした舌唇を表しています。これは舌の前部と側部に発達する肉質のしわのあつまりから成り立っています。種小名の *altivelis* はラテン語で「帆を張ったような背びれ」を意味します。アユは成熟すると背びれが著しく延びるので、その特徴を学名に反映させたのです。

アユの原記載ではシーボルトのカメラ役だった川原慶賀による精緻な全体図に加え、アユの食性を裏づける櫛状歯(しつじょうし)の拡大図が添えられています(図2-1)。アユはこの歯を使って石の表面に生える珪藻などの付着藻類をこそぎとるようにして食べるので、その「はみあと」は石の表面にはっきり刻み込まれます（図2-2）。アユは成長が進むと、付着藻類が密生する場所をなかまに横取りされないようなわばりを持つようになります。おとりアユをむりやり侵入させ、追い払おうとするなわばりアユを忍ばせた針で引っ掛ける、アユの友釣りはこの習性を利用したものです。それほどアユと付着藻類の結びつきは強く、アユが「香魚（こうぎょ）」と呼ばれる理由です。これはアユの体表から発するキュウリやスイカの匂いに似た物質にちなみます。かつて、経験豊かなアユ釣り師であれば、匂いの違いから川の特徴を推測し、アユの産地をあてることさえできたといわれていました。

ところが後年の研究は、キュウリやスイカの匂いの正体はノナディナールとノネナールという化合物で、餌に由来するものではなく、もともと体に含まれていた多価不飽和脂肪酸の代謝産物であることを突き止めています。意外なことに、これらの化合物はヒトの加齢臭と同じ化学構造を持つことが知られています。いわれてみれば、スーパーの鮮魚売り場に並ぶ丸々と太った養殖アユでも、配合餌料だけで育てられたはずなのに、りっぱにキュウリやスイカの匂いがします。それがじいさん、ばあさんの加齢臭と同じだったなんて香魚のイメージも台なしです。

『日本動物誌』ではアユの特徴について2ページ以上にわたり詳しく記述されています。しかし、そのほとんどが形態に関するもので、アユの特徴ともいうべき香りについては触れられていません。それは、アラック漬けの標本（第1章第4節参照）から得られる情報のみに基づいて新種記載されたからです。

シーボルトらがオランダに持ち帰ったアユの標本は10個体たらず。その内訳は液浸標本5個

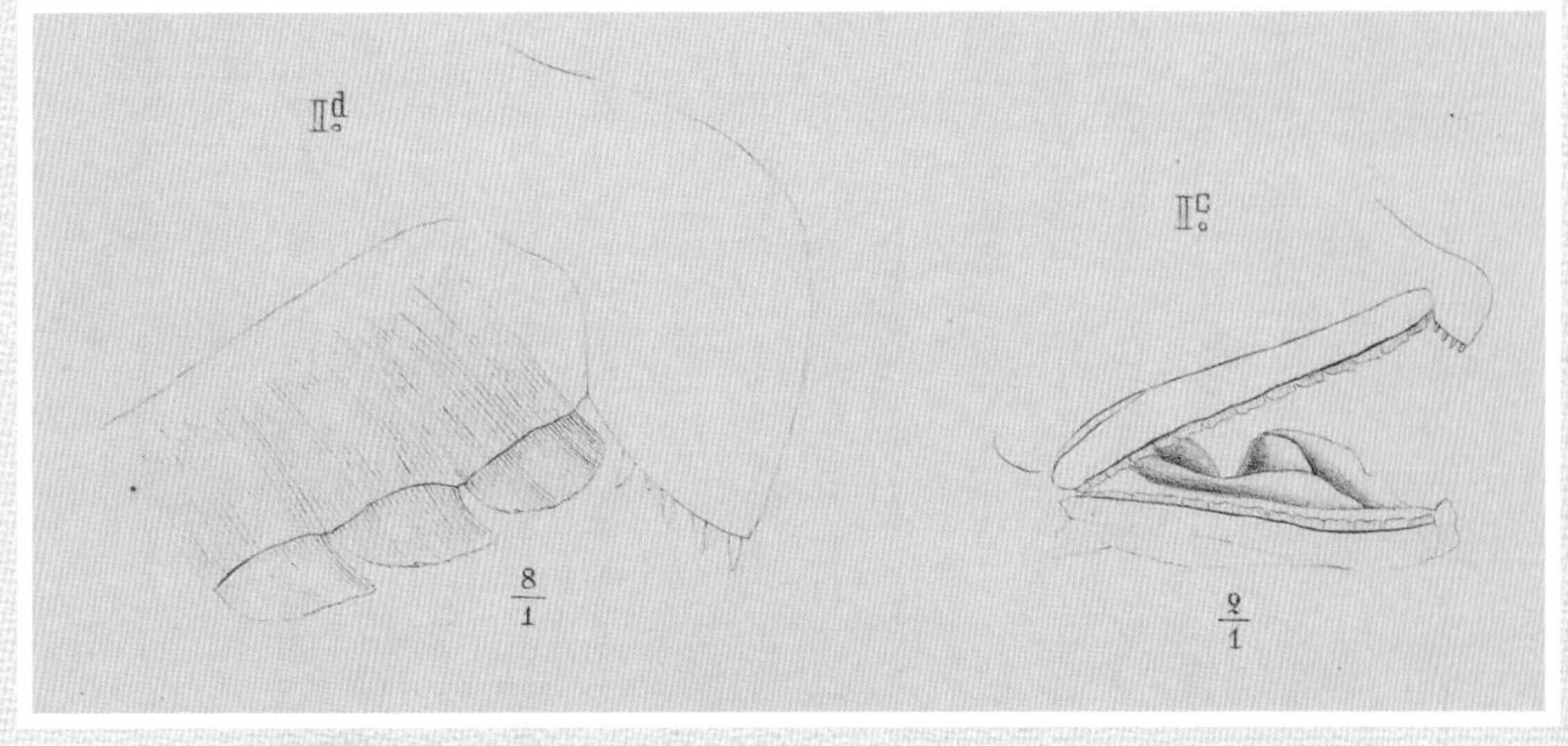

図2-1 『日本動物誌』魚類編に掲載されているアユの口の拡大図
BHLサイトより

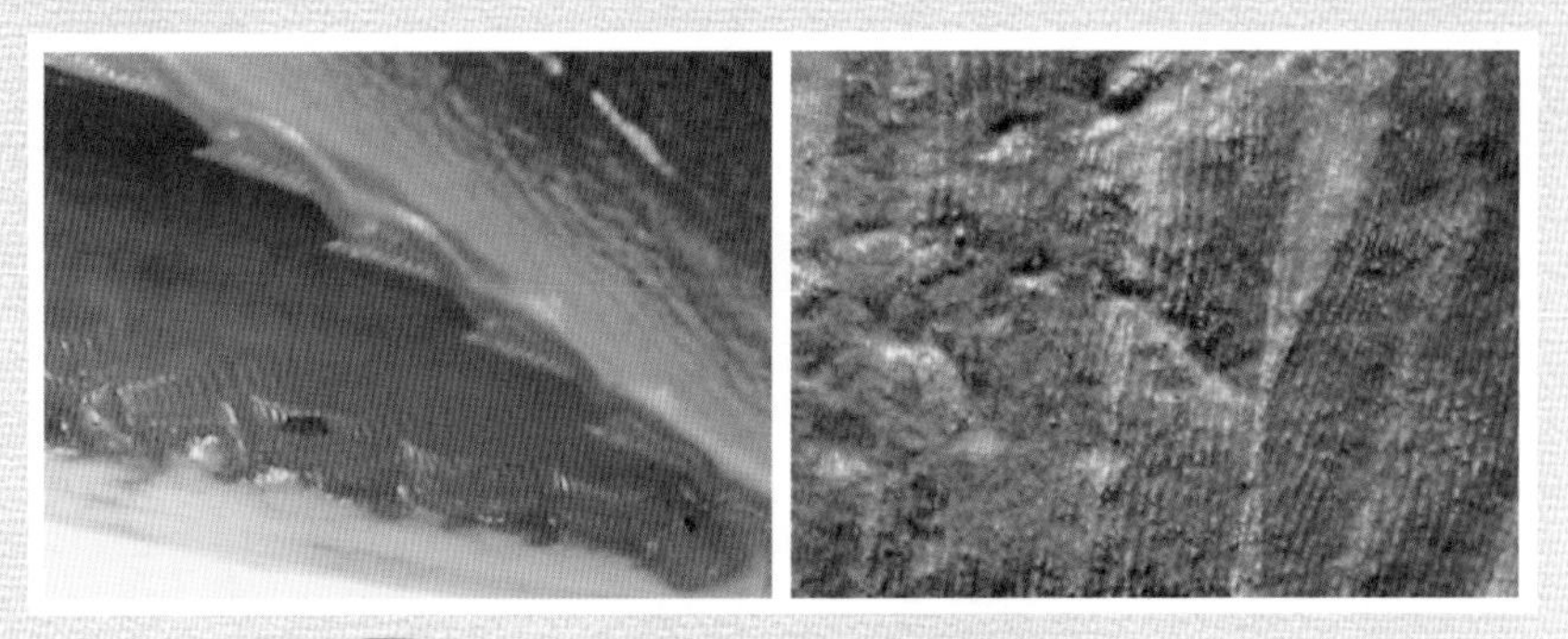

図2-2 アユの櫛状歯（左）とはみあと（右）
大阪府立環境農林水産総合研究所提供

体、剥製標本2個体で、それぞれライデンにあるナチュラリスに保存されています。ベルリン動物博物館（Berlin Zoological Museum）にも業者を通じて分与された液浸標本（ZMB4114）が1個体保管されています。これらはすべて複数個体から構成されるシンタイプ（等価模式標本。第3章第1節参照）に相当します。シンタイプならアユの変異をある程度示すことができますが、その反面、どの個体が学名を担うのか曖昧(あいまい)です。

そこでオランダ国立自然史博物館の学芸員であったブスマン博士（Boeseman, 1947）は、そのうち液浸標本の最大個体（RMNH 3179a）を、学名を担うレクトタイプ（選定模式標本）に指定しました（図2-3）。剥製標本はもともと展示目的で作製されたもので、それにはシーボルトの後任の薬剤師ビュルガーが関わったといわれています（図2-4）。『日本動物誌』とシーボルトの旅行記である『江戸参府紀行』にはアユのタイプ産地（模式産地）に関わる記述は見られません。しかし、これらの標本群は、体の大きさと鮮度から判断するならば、明らかに二分されます。体が大きく保存状態のよいレクトタイプと学名を担わない液浸のパラレクトタイプ（副選定模式標本）の最大個体、それに剥製標本はおそらく長崎周辺の九州産と思われます。

一方、液浸標本のパラレクトタイプのうち小型の3個体は、その他の個体に比べてはるかに小さく（体長8～10㎝）保存状態も悪いので、琵琶湖産の可能性があります。川原慶賀が長崎で描画するときは鮮魚を対象に余裕をもって写生できたので、カラーで描かれています。

ところが江戸に向かう旅先では、川原慶賀はシーボルトからおもに風景画を描くように指示されていたために、その分、生物の描画はおろそかになりました。ですから琵琶湖・淀川水系

図2-3 ナチュラリスに保管されている液浸標本

最上位の個体がレクトタイプ（RMNH 3179a、体長18㎝）。
上の2個体は長崎周辺産、下の3個体は琵琶湖のコアユと考えられます。

図2-4 ナチュラリスに保管されているビュルガー収集による剥製標本

（RMNH1971、体長18㎝）

に生息する淡水魚などはことごとく白黒で描かれています。『日本動物誌』に添えられている図の多くは、川原慶賀が描いた原図をもとに、オランダに送られた標本の情報を補足してシュレーゲルにより描きなおされたものです。アユはカラーで描かれています。体側前部にある長楕円斑が黄色く、脂びれがピンク色に縁どられています（図2-5）。原図は吻端の曲がり具合から判断してレクトタイプをもとに描かれたものと推測できます。以上のことからアユのタイプ産地すなわちレクトタイプが得られた場所は長崎周辺、小型のパラレクトタイプ3個体は琵琶湖産と考えるのが自然です。

アユは川と海を往復する両側回遊魚です。初夏になると稚アユが海の沿岸域から河川を遡上します。琵琶湖のアユはコアユと呼ばれ、多くは湖で過ごすため栄養不足で川アユほど大きく育ちません。現在の日本の河川は下流域が汚染され、途中にダムや頭首工などの横断工作物が構築されているので、なかなか自然遡上は見込めません。大正時代に東京帝国大学の石川千代松教授が琵琶湖のコアユを東京の多摩川へ放流して、大きく成長することを証明した話は有名です。

つい最近までは、全国の川アユは琵琶湖のコアユを上れなくなった河川に放流することで補ってきました。これらの増殖行為は大正時代以降に始まったのですから、シーボルトがオランダに持ち帰ったアユはすべて天然アユであったことは言うまでもありません。

図2-5 『日本動物誌』魚類編に添えられている図と鮮魚の体色の比較
上　左右反転　BHLサイトより
下　長野県千曲川産

3 ゲンゴロウブナ

フナは日本の淡水魚のなかでもっとも身近な種類です。ユーラシア大陸の温帯域に広く分布し、池沼や河川の流れの緩やかなに生息しています。日本列島には、ギンブナ、キンブナ、オオキンブナ、ナガブナ、ゲンゴロウブナ、ニゴロブナなどが分布し、かなり多様です。このうちゲンゴロウブナとニゴロブナは琵琶湖特産で湖特有の環境に適応したフナです。

フナは淡水魚のなかでも、分類するのがもっとも難しいグループだといわれています。オランダにはギンブナに相当するギベリオブナとキンブナに相当するヨーロッパブナしかいません。それなのにシーボルト・コレクションに基づいて書かれた『日本動物誌』魚類編では、ギンブナ、オオキンブナ、ゲンゴロウブナ、ニゴロブナについて正確な絵とともに記載されており、現在、日本産フナ属魚類の分類の基礎となっています。このことはシーボルトの目利きがいかに鋭かったかを裏づけています。

ゲンゴロウブナは「源五郎鮒」または「権五郎鮒」をカタカナ表記した標準和名で、安土城主にこのフナを献上した堅田(かたた)（滋賀県大津市）の漁師の名前に由来するといわれています。正式な学名を *Carassius cuvieri* と表します。*Carassius*（カラシウス）はギリシャ語でフナを意味し、*cuvieri*（キュビエリ）はフランスの有名な博物学者キュビエ博士にちなんでいます。とても体高が高く、全長40㎝にも達し、フナ属魚類の中でももっとも大きくなる種類です（図3-1、A）。それはゲンゴロウブナが動物食性の他のフナと違って、植物プランクトン食性に進化したことと関係があるからです。しかし、餌となる植物プランクトンはばらばらにいるので、のどのところにある咽頭嚢(いんとうのう)とよばれる袋にいったんため込み、効率よく消化管に送り込んでいます(図3-2)。植物プランクトンは消化しにくいのでそれを補うために腸はとても長くなっています。長い腸を体の中に納めなければならないので、その分、体高が高くなっているのです。

『日本動物誌』の中の原記載では標本に基づいてこれら体のプロポーションに関することばかり書かれていて、その生態や人の生活については触れられていません。シーボルトにとって長崎にいるのと違って通りすがりの琵琶湖畔では、新種として記載したテミンクとシュレーゲルにゲンゴロウブナの生きざまを十分に伝えるほどの時間的余裕がなかったのでしょう。原記載によればシーボルトがオランダへ持ち帰った標本は20尾あったはずですが、現在、ナチュラリスには14個体だけがアルコール保存されており、6個体は行方不明になっています。ひょっとしたらヨーロッパの他の大きな博物館に売却されたのかもしれません。

ナチュラリスに残されている模式標本のうち一番大きな個体が、前節のアユでも登場したオランダ国立自然史博物館の学芸員ブスマン博士によって、学名を担うレクトタイプに指定されています。この個体は尾びれの先端が欠けていますが、体高が高く、後頭部から背中が盛り上がり、えらぶたが大きいなどのゲンゴロウブナの特徴をよく表しています。同時にこの個体は『日本動物誌』にそえられたスケッチに一致します(図3-1、C)。

原記載ではシーボルトがゲンゴロウブナを採集した場所、すなわちタイプ産地が示されていません。ゲンゴロウブナはもともと琵琶湖とその接続水域にしかいませんでしたから、オラン

図3-1 **ゲンゴロウブナの外観**
A　鮮魚（琵琶湖産）
B　シーボルト・コレクション（レクトタイプ、RMNH2386）
C　『日本動物誌』魚類編の原図　BHLサイトより

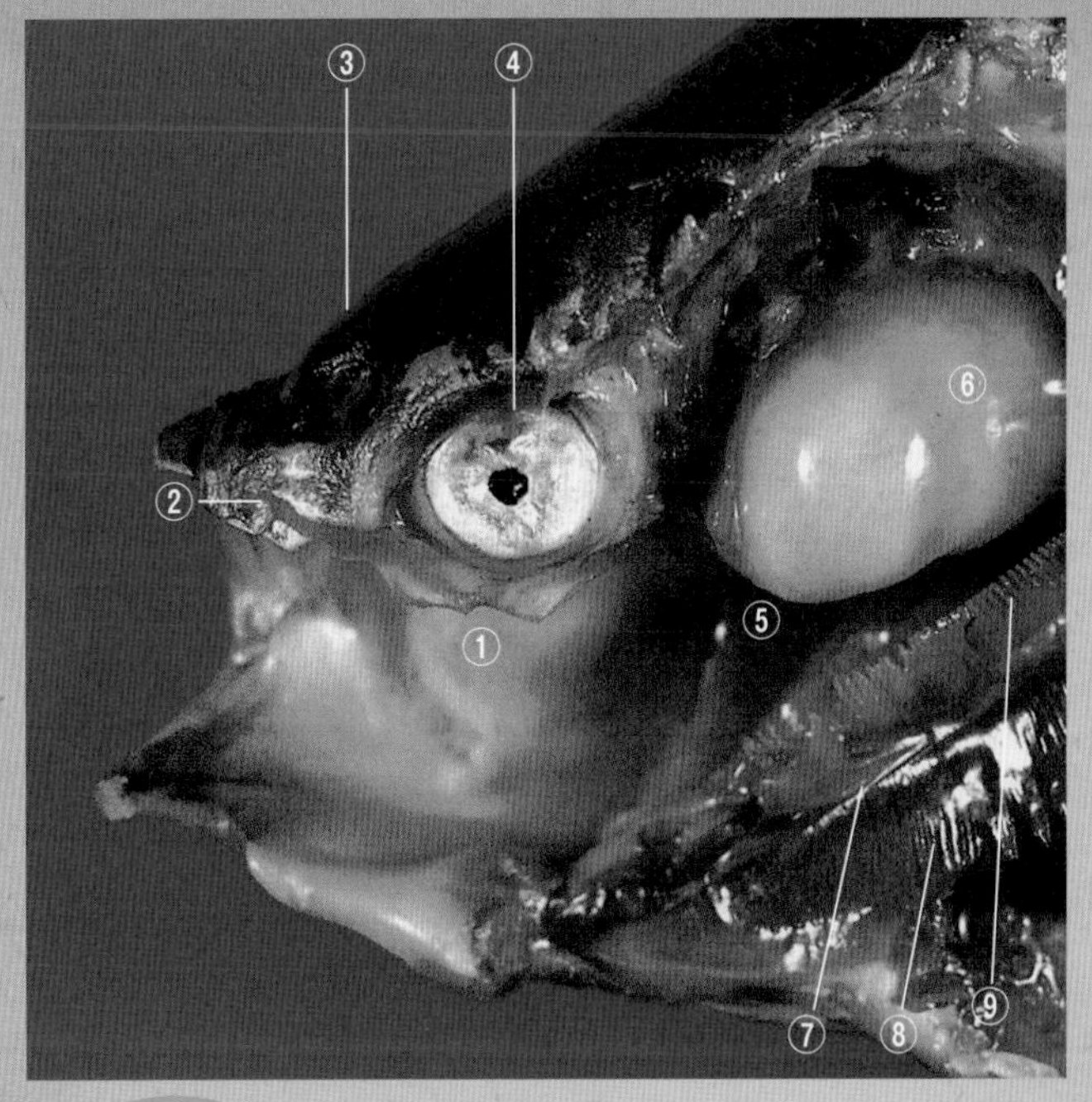

図3-2　ゲンゴロウブナの口腔および鰓腔

①：口腔　②：口腔弁　③：鼻孔　④：眼　⑤：鰓腔
⑥：咽頭嚢　⑦：第２鰓弓　⑧：鰓弁　⑨：鰓耙

図3-3　人気の高いヘラブナ釣り

tsurinews.jp提供

ダ人たちが江戸参府の途中で入手したことは明白です。ところがゲンゴロウブナは現在、日本中に分布しています。なぜなら釣りの対象魚として各地に移殖されたからです。ゲンゴロウブナは釣り師の間ではヘラブナ（平鮒、箆鮒）としてよく知られています。かつて大阪府内水面水産試験場（現大阪府生物多様性センター）でより大型で釣りやすい魚に品種改良されて大阪府では盛んに養殖されたので、「カワチブナ」とよばれることもあります。

その後、中国、台湾、韓国にも移殖され、かの地でも食用目的に養殖されています。最近、琵琶湖周りの道の駅やサービスエリアで売られている鮒ずしの原材料を見てみると、中国産「大阪鮒」と表示されていることがあります。まぎれもなくカワチブナを直訳したゲンゴロウブナの逆輸入品であることを示しています。本家本元の琵琶湖では、鮒ずしの原料となるべきフナの資源が枯渇し、このようなありがたくない事態を招いているのです。

ゲンゴロウブナはもともと大型のフナですから針がかりすれば引きが強いので、釣り師を魅了するのは道理です。おまけに餌には植物プランクトン食性に合わせてうどんやマッシュポテトを使うなど、ヘラブナ釣りはわが国発祥で一種独特の釣り文化となっています（図3-3）。はたしてヘラブナ釣り師の皆さんは、ゲンゴロウブナを魚類学の世界に紹介するきっかけを作ったのがシーボルトであったことをご存じなのでしょうか。私としてはゲンゴロウブナの別名を、ヘラブナのかわりにシーボルトブナと変えたいところです。

4 ニゴロブナ

ニゴロブナは漢字で書くと「似五郎鮒」と表記されますが、その名称は、人見必大（ひとみひつだい）によって著された江戸時代の本草書『本朝食鑑（ほんちょうしょっかん）』によれば、大きく成長すると源五郎鮒に似てくることに由来するとのことです。確かにニゴロブナは頭が大きいので、体高が低くやせたゲンゴロウブナに似ています（図4-1）。

現在、一般に採用されている正式な学名は、ラテン語で *Carassius buergeri grandoculis* といいます。*Carassius*（カラシウス）はフナを、*buergeri*（ビェルゲリ）はシーボルトの助手で後任でもある薬剤師のビュルガーの名を、*grandoculis*（グランドキュリス）はラテン語で「大きな目」をそれぞれ表しています（図4-2）。

生物種の学名はヒトを示す *Homo sapiens*（ホモ・サピエンス）のように二語名法によって表す

図4-1 ニゴロブナの活魚

のがふつうです。このようにニゴロブナの学名が三つの要素から成り立っているのは、ニゴロブナがキンブナ、オオキンブナ、ナガブナなどのキンブナ類と亜種関係にあるからです。亜種とは、同種ではあるが分布が異なるため分化がすすみ、微妙に異なる形態を持つようになった、いわば地方集団のことを意味します。ですからニゴロブナは琵琶湖の特殊な環境に適応したキンブナの仲間ということになります。ちなみに琵琶湖の漁師たちは一般に小型のフナ類のことを「ガンゾ」と呼んでいますが、その多くはニゴロブナのようです。

『日本動物誌』魚類編の原記載（新種として公認してもらうための論文）を請け負ったテミンクとシュレーゲルは、「シーボルトから受け取ったニゴロブナはたった1個体であるが、その個体は他のフナとくらべて形態がかなり異なっている」と述べています。その特徴として、たとえば、*Carassius buergeri*（カラシウス・ビュルゲリ）に相当するキンブナ類のなかでもっとも体高が低く、口裂が大きく、とりわけ下あごは大きくて上あごよりかなり前に突き出すことをあげています。下あごに見られる特徴は、言いかえれば下あごが大きく下方に「く」の字形に突き出す形状のことで、まさにニゴロブナのもっとも目立つ特徴を示しています（図4-3）。これらの体形を備えることから、ニゴロブナはどちらかと言えば底生性のフナと言えるでしょう。集団遺伝学的にみると、琵琶湖ではどうやら南北二つの大きな群れがあるようです。

四方を海に囲まれている日本では、食べる魚といえばやはり海産魚が圧倒的に多いのは言うまでもありません。淡水魚についてはウナギとアユがスーパーの店頭に並んでいるくらいで、それ以外はあまり目にすることはありません。『日本動物誌』でも、江戸時代においてさえ「日

図4-2　ニゴロブナの学名に名前が残る シーボルトの助手のビュルガー

渡辺崋山筆

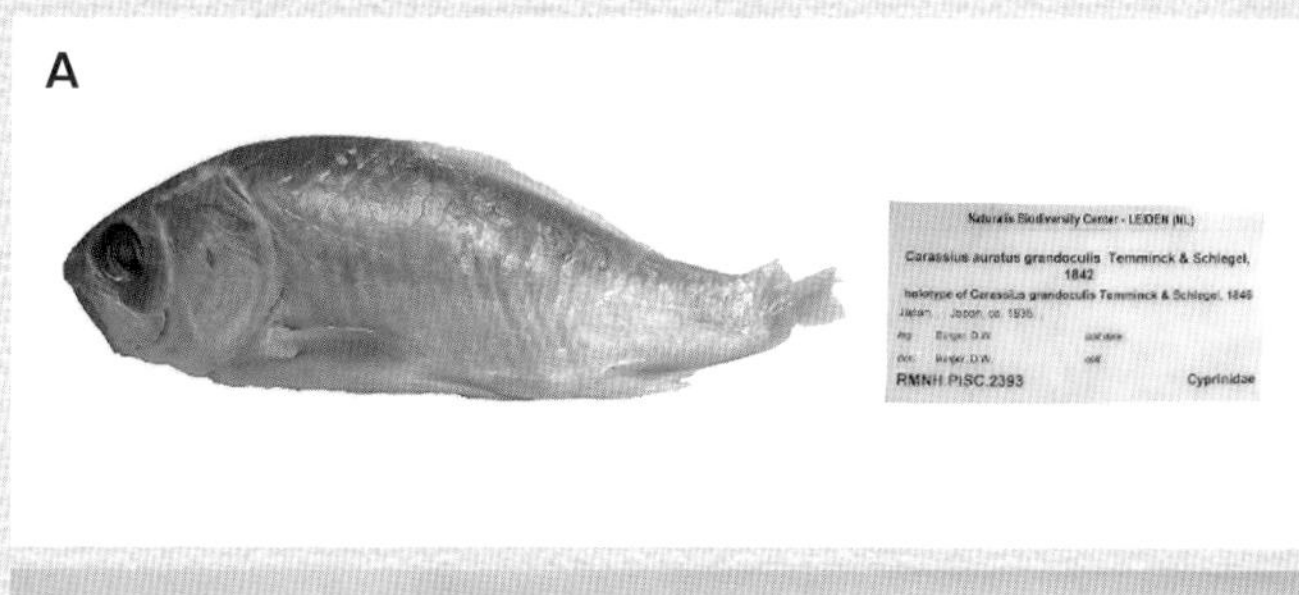

図4-3　ニゴロブナの外観

A　シーボルト・コレクションのホロタイプ（RMNH2393）

B　『日本動物誌』魚類編の原図　BHLサイトより

本人は海産魚を好み、日本中の川にたくさんのフナがいるのにめったに食べない」と記されています。しかし、フナを用いた各地の郷土料理は、山形県のむくりぶな、霞ヶ浦水郷や京都府伏見のすずめ焼き、東海地方のふなみそ、岡山県のふな飯、佐賀県鹿島市のふなんこぐいなど、枚挙にいとまがありません。ましてや琵琶湖を有する滋賀県でフナを食べないわけがありません。その代表は鮒ずしで、子持ちのニゴロブナが最高級品と言われています（図4-4）。

鮒ずしはなれずしの一種で、その起源は千年も前の奈良時代にもさかのぼるといわれ、滋賀県民であれば一度は口にしたことがあるはずです。私はタイのマーケットでプラー・タピアン（*Barbonymus gonionotus*）という大型で平べったいコイ科魚類を材料にした類似のなれずしを見たことがあります（図4-5）。現地では「パーソム」とか「プラーソム」とか呼ばれ、ご飯に糠を加えていました。同じ稲作文化圏に属するので、保存食としてコイ科魚類をなれずしにする知恵は、かの地とルーツを共有している証拠かもしれません。

鮒ずしの作り方として、まず手始めに、ポン抜きといって生のフナを開腹せずに針金で口とえらから卵巣以外の内臓を引きずり出します。次に処理されたフナを一定期間塩漬けにします。その後、余分な塩を洗い流してからご飯をえらに詰めたものを桶に敷きつめ、重石を置いて熟成させます。鮒ずしは乳酸菌の働きによって作られる発酵食品ですから、でき上がりはヨーグルトや酸味を帯びたチーズを思わせます。チーズの国から来たオランダ人であるならば、なおさらチーズとの食味の比較をするに違いありません。

『江戸参府紀行』をよく読んでみると、シーボルト一行は江戸と長崎の往復の途中で、京都、大津、草津に宿泊していることが分かります。帰路、琵琶湖の南端に位置する膳所で取れたてのコイがおいしいと記述していますが、残念ながらフナはもちろんのこと、コイ以外の淡水魚の料理については言及していません。観察力が鋭く好奇心旺盛なシーボルトが日本から4種類ものフナを入手しておきながら、鮒ずしに言及しなかったのはとても不思議です。

図4-4 ニゴロブナの鮒ずし

図4-5 タイ、バンコクのウイークエンド・マーケットで売られていたプラー・タピアンのパーソム（プラーソム）

5 ハス

一般にハスと言えば、仏像の台座を飾る花とその地下茎のレンコンを思い浮かべるのが普通です。琵琶湖特産の魚にもハスがいるなんて、滋賀県民でも知らない人がいるかもしれません。

日本の淡水魚の代表格は何といってもコイ科魚類です。コイ科魚類ではあごに歯がありません。そのかわりにのどの奥に咽頭歯（いんとうし）と呼ばれる歯があります。咽頭歯を支える歯ぐき役の骨は咽頭骨と呼ばれ、これは最後尾にあったえらのアーチが変形してできたものです。つまり呼吸器官から咀嚼（そしゃく）器官に機能を変えたのです。このような形態はコイ科の親戚であるドジョウ科でも見られます。彼らはどちらかといえば、あごで噛（か）みついて餌をとるより、餌を口で吸いこんでのどですりつぶすように進化してきたのです。だからコイ科やドジョウ科の魚たちはおとなしい種類が多いのです。

ところが、ハスはコイ科魚類としては珍しい魚食性の魚で、琵琶湖ではコアユ、ビワヨシノボリ、コイ科の稚魚をよく食べています（図5-1）。ハスは、ハエジャコと呼ばれるオイカワと類縁関係にあり、あごに歯がないので口を大きくしたうえ「へ」の字形に変えて、より餌魚をとらえやすいよう進化しています（図5-1、C）。おまけに咽頭歯は咀嚼用から餌を切りさくのに適した鋭いナイフ状に変形しています（図5-2）。魚食性であるのでその分からだが大きく、最大で全長30cmにもなります。仲間の別亜種はアムール川から北ベトナムまでのアジア大陸東部に分布しています（図5-3）。

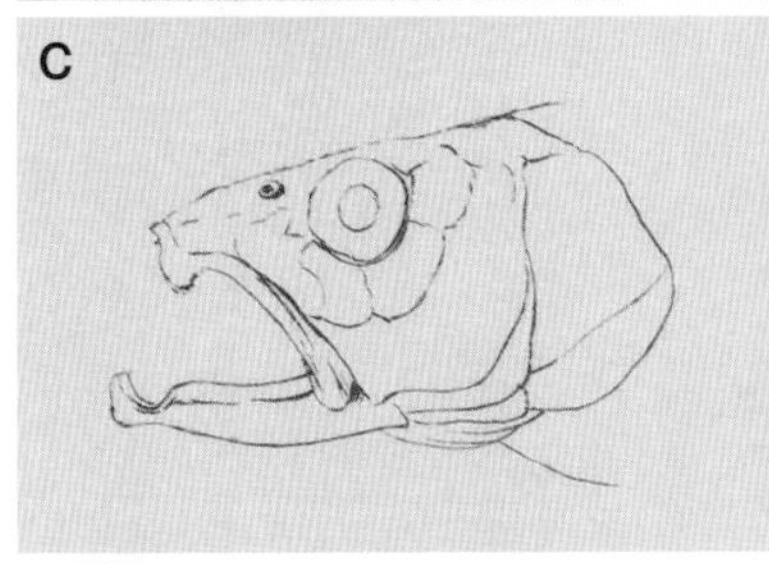

図5-1　琵琶湖固有の魚食魚ハス

A　シーボルト魚類標本　最大個体がレクトタイプ（体長12.5㎝）
B・C　『日本動物誌』魚類編（左右反転、B　全体図、C　頭部図）　BHLサイトより
D　現存個体（琵琶湖産）

図5-2　ハスの咽頭骨前面

①前枝　②後枝　③咽頭歯

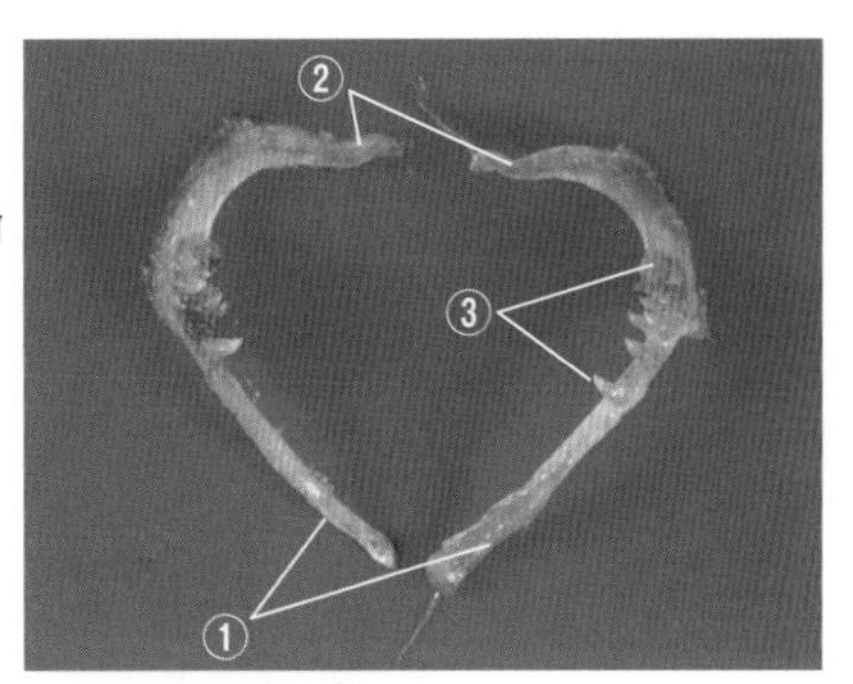

図5-3　ハスに近縁のコウライハス

（韓国・洛東江産）

わが国では琵琶湖・淀川水系と近隣の福井県三方湖が自然分布域です。不思議なことに、琵琶湖とよく似た淡水魚類相を持つ岡山平野や北九州の諸河川にはもともといませんでした。

ハスは、餌となる魚を求めて広く動き回る必要があります。そのため、ハスの生息場所として水を満々とたたえた下流域を持つ大河川や広大な湖面を持つ湖が必要です。日本列島ではどの川もハスが棲むには流れが速く短すぎて、その条件を満たすのは琵琶湖とその周辺水域だけだったのでしょう。今は移殖により各地で定着していますが、進化という長い時間スケールに照らせば一時的に思えます。

『日本動物誌』魚類編では、ハスは *Leuciscus uncirostris* と命名されています。*Leuciscus*（ロイシスクス）とはヨーロッパにふつうに見られるウグイの仲間で、*uncirostris*（ウンキロストリス）は「鍵形に曲がったくちばし」を意味します。学名はハスの特徴をよく表しています。原記載ではわざわざ種の識別形質を記載文の前に掲げ、花綱状に曲がった上あごと三日月状の深い切れ込みのある下あごが、大きく裂けた口をそれぞれ縁取っていることをあげています。このような特徴はコイ科のさまざまな魚種の中でもとりわけ変わっており、一目瞭然であると強調しています。実際、テミンクとシュレーゲルには曲がった大きな口を持つハスがよほど変わった魚に見えたのでしょう。

原記載では3ページにわたり主にプロポーションや色彩など体の特徴について書かれていますが、口やあごの特異性については何度も述べられている反面、それらのことが魚食性と関係にあることまで説明は及んではいません。その理由は、標本を入手したシーボルトにしろ、新種として記載したテミンクとシュレーゲルにしろ、個体からの情報しか得られなかったからです。ヨーロッパのウグイの仲間はどれも雑食性ばかりで、魚食性に特化した種はいません。オランダ人たちが特異な食生態を想像できなかったほどハスはユニークな淡水魚なのです。

最新情報によると、ハスの現在の分布域に大きな変化が見られます。琵琶湖では漁獲量が激減しているのです。さらに残念なことに三方湖のハスは絶滅してしまったようです。毎年ハスが産卵のために三方湖から上がっていた鰣川(はすがわ)で大規模な河川改修を行ったため底質が変わり、繁殖できなくなった可能性があります。琵琶湖にも共通することですが、湖に我が物顔で侵入してきたブラックバスやブルーギルの影響も関係しているのかもしれません。そのため、地方版レッドリストでは福井県で県域絶滅危惧I類、滋賀県で希少種にそれぞれ位置づけられています。一方、北九州ではコアユの種苗(しゅびょう)にまぎれ込んで移殖されたハスが定着し、在来種を食害する国内外来種となっていることも報告されています。絶滅危惧種でもあり外来魚でもあるハスを、生物多様性保全の観点からどのように評価したらよいのか、本当に悩むところです。

ライデンのナチュラリスに保管されているシーボルト・コレクションでは3個体がアルコール標本として保存されています(図5-1、A)。どれも少し油焼けしていてオイルサーディンのように見えますが、ひれやうろこは傷(いた)んでおらず、200年前にとれた魚とは思えない保存状態なので、見ていると江戸時代の琵琶湖へタイムスリップした錯覚におちいります。ハスの落ち着き先をなんとかシーボルトが見たような原風景に戻すことはできないものでしょうか。

6 ヌマムツ

私にとってヌマムツはもっとも思い入れの深い魚の一つです。なぜならこの魚を調べることから私のシーボルト研究が始まったからです。ヌマムツは日本産淡水魚のなかでは古くて新しい種類です。「古くて新しい」の意味は、ヌマムツをめぐる分類の変遷を調べれば理解できます。日本列島に分布するハエジャコの仲間としてはカワムツとオイカワがよく知られています。それに魚食性のハスもハエジャコと類縁関係にあります。カワムツは河川の上流側、オイカワは下流側、ハスは湖沼というぐあいにうまく棲み分けています。カワムツの学名は徳島県立博物館の井藤大樹(いとうたいき)博士が報告した最新の情報によれば、*Candidia temminckii* と表記されます。属名の *Candidia*(キャンディディア)とは台湾の名所、日月潭(リーユエタン)という湖からきたもので、そこがタイプ種(模式種)となったタイワンアカハラ、すなわち *Candidia barbata*(キャンディディア・バルバータ)のタイプ産地(模式産地)となっています。タイプ種とは属の名前を決めるのに基準となる種のことで、タイプ産地とは種の記載のもととなった標本の採集地を意味します。カワムツは、タイワンアカハラと同属別種の関係にあります。個人的なことで恐縮ですが、日月潭は私と妻の新婚旅行先でもありましたので、思い入れがあります。

一方、カワムツの種小名の *temminckii*(テミンキイ)とは、原記載者でライデン自然史博物館初代館長のテミンクを指しています。

カワムツは長年1種類と考えられてきました。日本の淡水魚研究者の泰斗(たいと)、中村守純(もりずみ)先生はご自身の著書『日本のコイ科魚類』の中で、カワムツに変異があることを認められ、図版Aに琵琶湖産を、図版Bに宮崎県広渡川産をそれぞれ典型的な型として示されています（図6−1）。

その後、東京の高校教師、渡辺昌和（まさかず）さんが日本列島をくまなく採集調査をされ、カワムツを仮にA型とB型に分けることを提唱されました。両型はその後、私の先輩で水産庁養殖研究所の岡崎登志夫（としお）博士によって遺伝的に互いに交流のない別種であることが明らかにされました。

図6-1 中村守純博士によって示されたカワムツ類の2型

Aがヌマムツ、Bがカワムツに該当する

中村守純『日本のコイ科魚類』（資源科学研究所、1969）より転載

図6-2　カワムツの外観

A　シーボルト・コレクション（レクトタイプ、RMNH2546a）
B　『日本動物誌』魚類編（左右反転）　BHLサイトより
C　現存個体（琵琶湖淀川水系産）：　胸びれと腹びれの前縁は黄色

さらに、当時、京都大学の大学院生であった足羽寛（あしわひろし）さんによる野外での地道な観察から、A型は沼や池などの止水を好み、対してB型は川などの流水を好むことが分かり、両型は生態学的にも異なることが明らかになりました。

こうなると、次の命題は「本物のカワムツはどちらなのか？本物でない方は新種か？」という分類学的研究につながって行くことになります。それを確かめるためにはタイプ標本と照合する必要があります。

そこで私は学名を特定するために、何度もライデンの国立自然史博物館、現在のナチュラリ

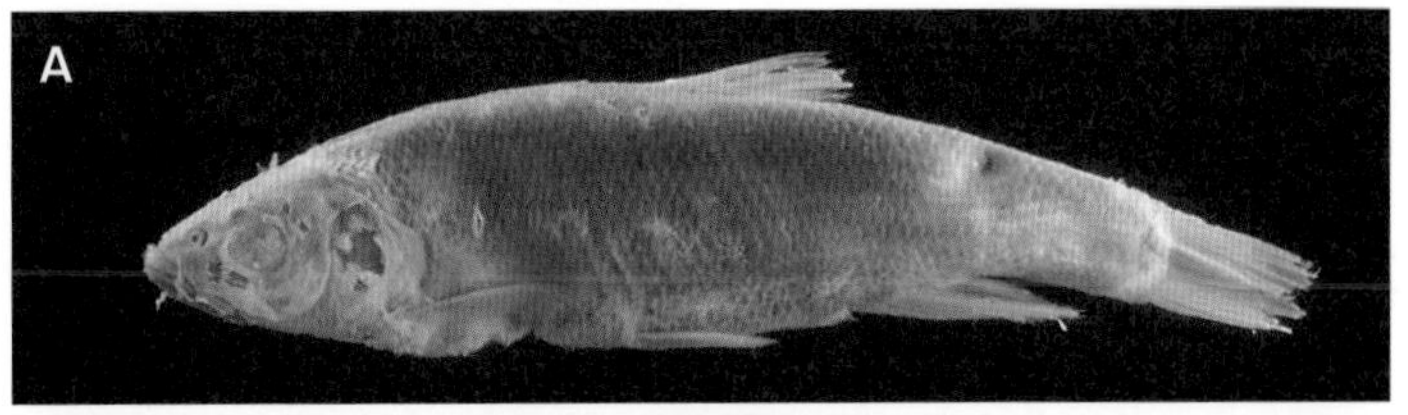

図6-3　ヌマムツの外観

A　シーボルト・コレクション（レクトタイプ、RMNH2545a）
B　『日本動物誌』魚類編（左右反転）　BHLサイトより
C　現存個体（琵琶湖淀川水系産）：胸びれと腹びれの前縁は朱色

スに赴き、シーボルト・コレクションを精査しました。その結果、本物のカワムツに相当するキャンディディア・テミンキイはB型に一致することが判明しました（図6−2）。

そうすると本物でない方のA型は新種かと期待させられましたが、実際はそうではありませんでした。すでにシーボルト・コレクションの中にロイシスクス・シーボルデイというタイプ標本があり、それが完全にA型に一致したのです（図6−3）。このことはA型が新種ではなく、過去に記載されていたにもかかわらず代々の研究者によって無視続けられて来たことを意味します。

A型の学名は最新の情報によればキャンディディア・シーボルデイと表記されます。シーボルデイという種小名は、記載したテミンクとシュレーゲルが収集者のシーボルトに敬意を表し、献名したものでした。これらの標本調査の結果、B型は学名をキャンディディア・テミンキイ、和名をカワムツということに落ち着きました。ところがA型は学名をキャンディディア・シーボルデイであることまでは分かったのですが、和名がありませんでした。

私はさまざまな案を考えましたが、A型の生息場所を反映させかつ近縁種のカワムツとの対比を容易にさせるために、ヌマムツという和名を提唱しました。その結果を2003年に日本魚類学会の英文誌で公表しました。これがよい名前かどうか分かりませんが、とにかく2種をきちんと整理することで150年も埋もれていたオランダ人たちの科学的主張をなんとか復権させることができました。

『日本動物誌』魚類編の中でテミンクとシュレーゲルはシーボルトから受け取ったヌマムツは3個体であったと述べています。しかし、私たちがナチュラリスで実際、確認したヌマムツは4個体ありました。その中から1個体がブスマンによってレクトタイプ(選定等価標本)に指定されています。レクトタイプは複数のシンタイプ(等価標本)のなかから学名を担うべく選ばれた唯一の標本のことで、学名を決めるときのモノサシになる点ではホロタイプ(正模式標本)と同じ価値があります(第3章第1節参照)。ヌマムツは日本の固有種で、自然分布域は東海地方から琵琶湖・淀川水系、山陽地方を経て北九州までの平野部にあります。

それではシーボルトはいったいどこでヌマムツを入手したのでしょうか。江戸参府紀行の旅程から推定すると、海路伝いに移動した山陽地方は考えられません。キリシタンを排除しようとする情勢下では移動中の自由度はそれほど大きくなかったので、滞在期間が短く通りすがりの東海地方も可能性が低そうです。そうすると滞在期間が長かった琵琶湖・淀川水系周辺と居住地長崎周辺の北九州が候補として残ります。

シーボルト・コレクションのうちヌマムツ以外にタイプ産地が琵琶湖・淀川水系または北九州のどちらかに可能性がある魚種として、ギンブナ、カネヒラ、モツゴ、カマツカがあります。ヌマムツについて私は自己の採集経験から内心、琵琶湖・淀川水系周辺がタイプ産地ではないかと思っています。同様に、東京にある自然環境研究センターの森宗智彦(もりむねとしひこ)博士もタイプ標本の傷み具合から、保存液に限りがある旅先の琵琶湖周辺で採集したと推測されています。いずれにせよ今後、私たちのシーボルト淡水魚研究において、より具体的にタイプ産地を特定することが宿題となりました。

7 タモロコ

湖国を代表する魚といえばまずはコアユ、その次に来るのは何といってもモロコでしょう。モロコとは漢字で「諸子」と書きますが、一般に広い意味で小型のコイ科魚類をひっくるめて指します。琵琶湖水系では本湖にホンモロコ、スゴモロコ、デメモロコが、内湖や周囲の水路にタモロコが、少し離れたため池にカワバタモロコが生息しています。接続水域では流入河川の野洲川にイトモロコが、流出河川の淀川水系にコウライモロコがそれぞれ分布しています。さらに標準和名モツゴも、琵琶湖周辺では地方名として「イシモロコ」と呼ばれることもあります。これらのモロコ類は体が細長く小さい点でよく似ていますが、属名が異なり、かならずしも互いに類縁関係にあるわけではありません（表7-1）。

このうち、ホンモロコとタモロコはともにタモ

表7-1 琵琶湖・淀川水系に生息するモロコ類

和名	学名	属名
ホンモロコ	*Gnathopogon caerulescens*	タモロコ属
タモロコ	*Gnathopogon elongatus elongatus*	タモロコ属
スゴモロコ	*Squalidus chankaensis biwae*	スゴモロコ属
コウライモロコ	*Squalidus chankaensis tsuchigae*	スゴモロコ属
デメモロコ	*Squalidus japonicus japonicus*	スゴモロコ属
イトモロコ	*Squalidus gracilis gracilis*	スゴモロコ属
カワバタモロコ	*Hemigrammocypris neglecta*	カワバタモロコ属
モツゴ	*Pseudorasbora parva*	モツゴ属

ロコ属＝*Gnathopogon*（グナトポゴン）に属する近縁種です（図7−1）。ホンモロコは文字どおりモロコの代表格で、琵琶湖では重要な漁獲対象魚、関西では京都を中心に高級魚としてよく知られています。ホンモロコは琵琶湖の固有種で、広い湖面を群れで餌となるミジンコなどの動物プランクトンを追う生態を持っています。そのため、鰓把（さいは）といってえらにある突起の数が多くなり、プランクトンを漉（こ）しとりやすくなっています。止水環境に適応しているため、他地域

A

B

C

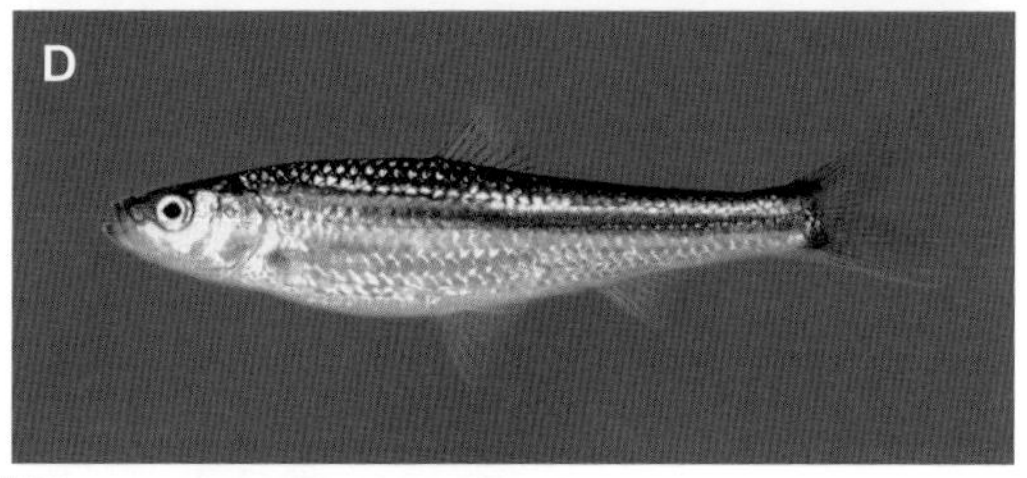

D

図7-1　日本産タモロコ属魚類

A　タモロコ *Gnathopogon elongatus* のレクトタイプ（RMNH2496）
B　琵琶湖産タモロコ
C　三方湖産タモロコ（撮影：近畿大学水圏生態学研究室）
D　ホンモロコ *Gnathopogon caerulescens*

の河川に放流してもなかなか定着しません。このように琵琶湖の特殊な環境に適応したホンモロコはまさに動物プランクトンを専食するスペシャリストといえます。

一方、タモロコは水田回りの水路やため池をおもな生息場所としており、梅雨時ともなれば一斉に水田に入り込んで産卵します。文字どおり田諸子と呼ばれる所以です。彼らの分布は広く、中部地方から山陽地方と四国の瀬戸内海側まで及びます（図7-2）。生息場所も多様で、水田回りはもちろん、河川、池沼、湖など、流れの緩やかな場所であればどんな所でも棲めます。おまけに水質が少々悪くても何とかしのぐこともできます。餌も多様で、底生動物（ベントス）、水草、プランクトンなどなんでも食べる雑食性です。このようにどのような環境にも耐えうるタモロコはまさに変幻自在のジェネラリスト（なんでも屋）といえます。

ホンモロコは琵琶湖固有種、一方タモロコは広域分布種です。どういうわけか、ホンモロコはシーボルトに見過ごされたのに、タモロコはしっかりオランダに送り届けられていました。その後、タモロコはシーボルト・コレクションに基づいてテミンクとシュレーゲルによって命名され、現在では *Gnathopogon elongatus* という学名がつけられています（図7-1、A）。属名の *Gnathopogon*（グナトポゴン）はギリシャ語で *Gnatho* が「あご」を、*pogon* が「ひげ」をそれぞれ意味します。種小名の *elongatus*（エロンガートゥス）はラテン語で「細長い」という意味です。学名から推測すると、どうやらタモロコはオランダ人にとってひげと体のプロポーションが目についたようです。

『日本動物誌』魚類編で記載の対象となったタモロコは2個体ですが、その採集地については

図7-2 日本産タモロコ属魚類の分布域

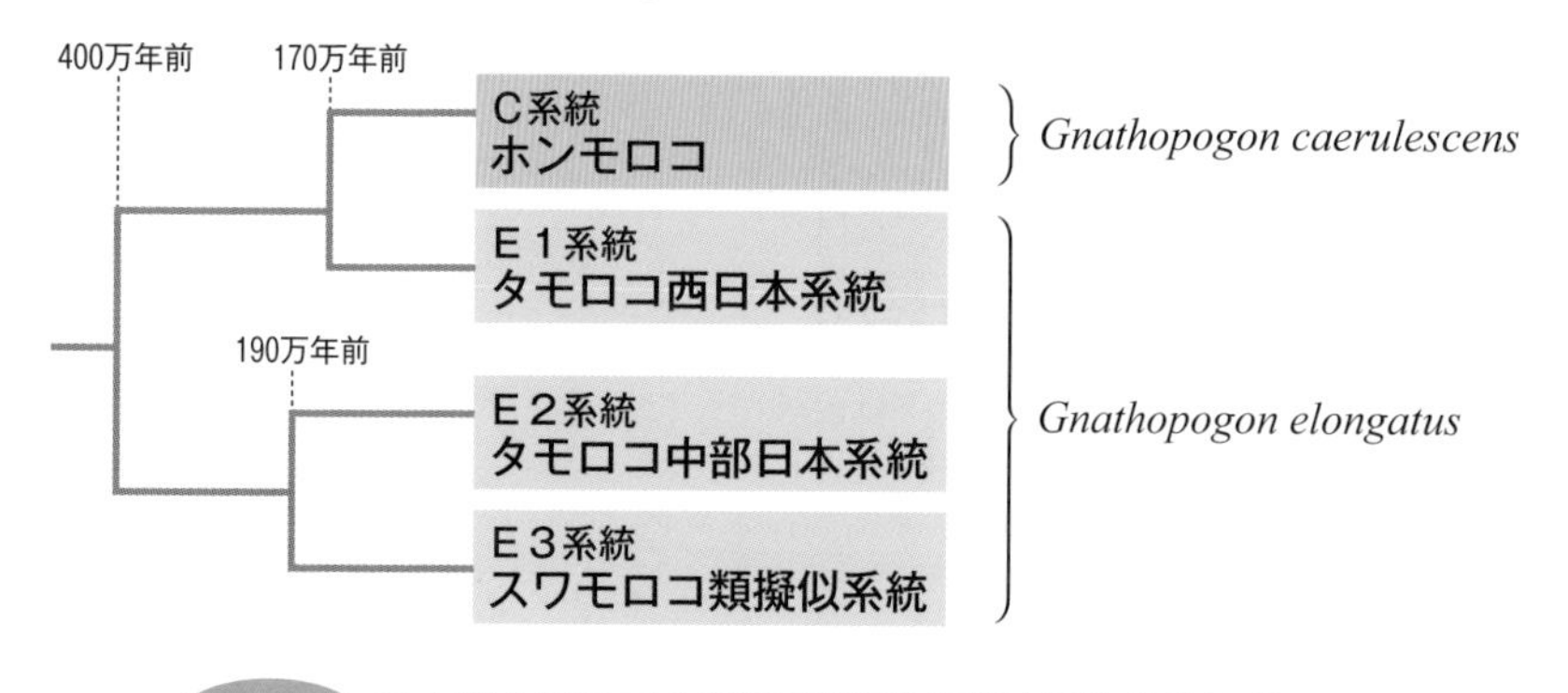

図7-3 日本産タモロコ属魚類の遺伝的類縁関係と分岐年代

Kakioka et al, 2013に基づき作図

書かれていません。タモロコは広域分布種であるのに、どうしてその採集地を琵琶湖周辺と断定することができるのでしょうか。タモロコは地方独特の環境に合わせて形態を変える、なんでも屋のジェネラリストです。タモロコは地理的に大きく変異し、その変異が琵琶湖に分布するタモロコに一致するからです。

タモロコで見られる地理的変異は、緯度や標高の変化などに従う傾向（クライン）を形成しません。そのかわり河川や湖沼といった生息場所に見合った変異を示すのです（表7-2）。すなわち流水域のタモロコは太短くて、口ひげがはっきりしています。鰓把数も少なく、どちらかと言えば雑食性に適した形質を備えています。これに対して湖沼のタモロコは細長く、口ひげも短くなっています。体形の特徴はうろこや脊椎骨の数の多さにも反映されています。鰓把数も多く、動物プランクトン食性に適した形質を備えています。おまけに背びれ・尻びれ・尾びれの後縁が直線的で水切りがよくなっています。これらの形質は広い湖を泳ぎ回るホンモロコが示す特徴と同じです。これらの適応形態は地域を問わず湖沼であれば一般的に見られ、私はこれをタモロコの「ホンモロコ化現象」と呼んでいます。

ホンモロコ化したタモロコの湖沼集団には静岡県にある佐鳴（さなる）湖や福井県にある三方湖のタモロコ、それに絶滅したタモロコの亜種で、長野県にある諏訪湖のスワモロコがあります。三方湖のタモロコはかつて釣り雑誌でホンモロコと間違って紹介されたほどホンモロコに似ています（図7-1、C）。このことはホンモロコ、ならびに各地の湖でホンモロコ化したタモロコ湖沼集団は、いわば平行進化の結果、似た集団に収斂（しゅうれん）して行った可能性を示唆しています。よ

表7-2 タモロコとホンモロコの形質置換

丸は平均値を、棒線は標準偏差を示す。

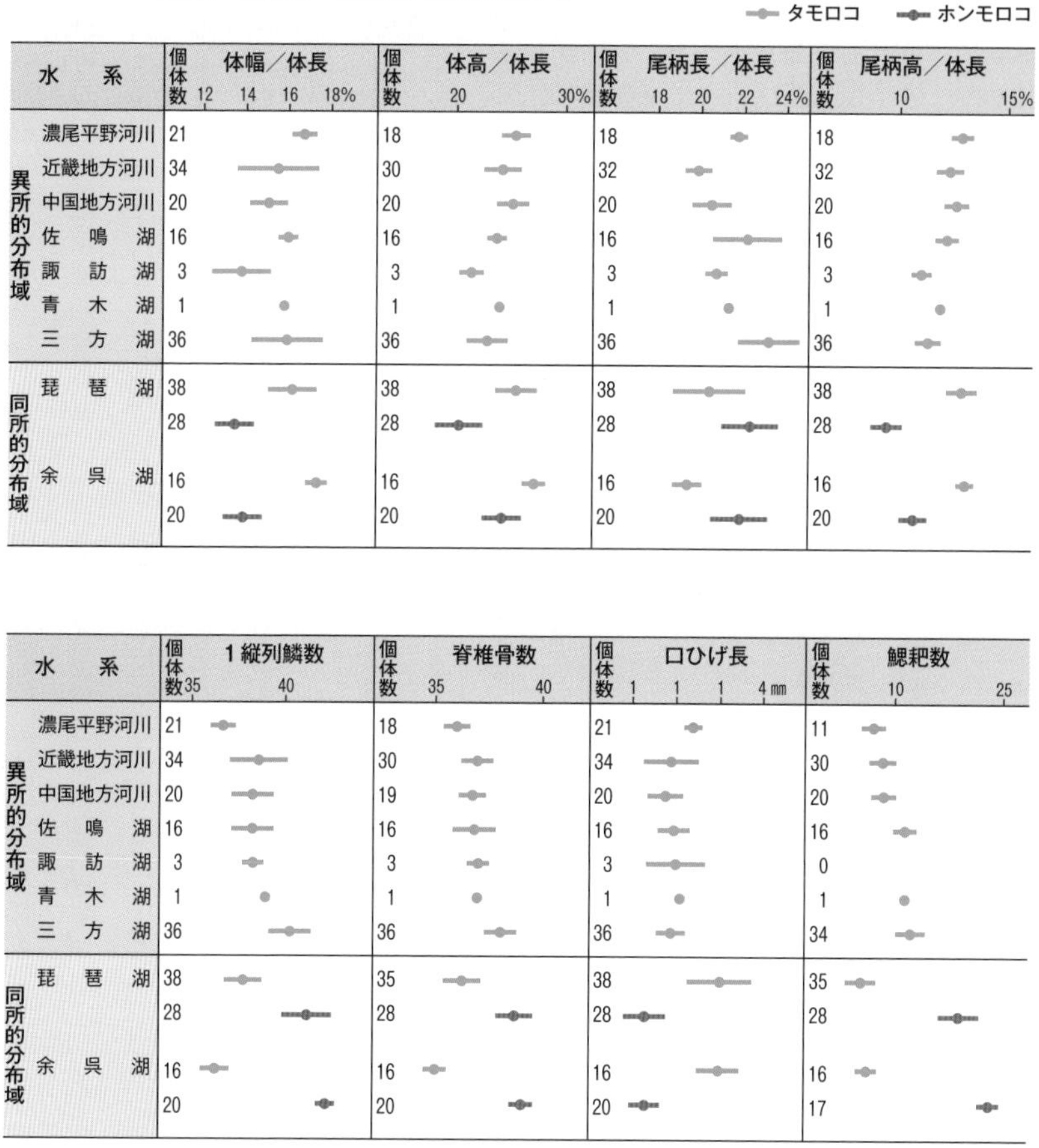

タモロコ　ホンモロコ

水系		個体数	体幅／体長（12 14 16 18%）	個体数	体高／体長（20 30%）	個体数	尾柄長／体長（18 20 22 24%）	個体数	尾柄高／体長（10 15%）
異所的分布域	濃尾平野河川	21		18		18		18	
	近畿地方河川	34		30		32		32	
	中国地方河川	20		20		20		20	
	佐鳴湖	16		16		16		16	
	諏訪湖	3		3		3		3	
	青木湖	1		1		1		1	
	三方湖	36		36		36		36	
同所的分布域	琵琶湖	38		38		38		38	
		28		28		28		28	
	余呉湖	16		16		16		16	
		20		20		20		20	

水系		個体数	1縦列鱗数（35 40）	個体数	脊椎骨数（35 40）	個体数	口ひげ長（1 1 1 4 ㎜）	個体数	鰓耙数（10 25）
異所的分布域	濃尾平野河川	21		18		21		11	
	近畿地方河川	34		30		34		30	
	中国地方河川	20		19		20		20	
	佐鳴湖	16		16		16		16	
	諏訪湖	3		3		3		0	
	青木湖	1		1		1		1	
	三方湖	36		36		36		34	
同所的分布域	琵琶湖	38		35		38		35	
		28		28		28		28	
	余呉湖	16		16		16		16	
		20		20		20		17	

うするに湖沼環境への適応がもたらした「空似（そらに）」です。柿岡諒（りょう）博士ら京都大学のグループはミトコンドリアDNAの特定領域の解析から、日本産タモロコ属魚類はC、E1、E2、E3の四つの遺伝的集団に分けられると報告しています（図7-3）。Cはホンモロコの種小名*caerulescens*、Eはタモロコの種小名*elongatus*の頭文字をそれぞれとったものです。

　このうちタモロコについてE1は主に西日本、E2は伊勢湾周辺を中心とする東海地方、E3は諏訪湖の流出部の天竜（てんりゅう）川上流の集団を代表するとのことです。琵琶湖では南湖（なんこ）や瀬田川周辺でE1も見られますが、琵琶湖の主な集団はE2によって構成されています。これはハリヨの分布と似ていることから東方からの張り出しに由来すると思われます。興味深いことにE3は地域的に長野県の上伊那（かみいな）地方に限定されていることから、絶滅したとされるスワモロコの可能性も出てきました。ただし、山梨大学の宮崎淳一教授によれば山梨県下のタモロコもE3に属するとのことです。このことからE3をにわかにスワモロコと決めつけるには時期尚早です。今後、しっかりした分類学的精査が望まれます。

　湖沼における「ホンモロコ化現象」に一つだけ例外があります。それが琵琶湖のタモロコなのです。琵琶湖のタモロコは太短く、口ひげが長くなっています。体形の特徴はうろこや脊椎骨の数の少なさにも反映されています。鰓耙は数が少なくそれぞれが粗く、底生動物を摂るのに適しています。体のプロポーションはこんころこん、背びれ・尻びれ・尾びれの後縁は円みを帯びているので、一見小ぶなのような外観を呈しています（図7-1、B）。これらの形質はどちらかと言えば、底生生活に適した形態と言えるでしょう。タモロコは湖にいればホンモロコ化するはず。それなのに琵琶湖ではホンモロコに似てくるどころか、真逆で、よりタモロコらしくなっています。だから琵琶湖ではホンモロコとタモロコを見間違うことなどありえません。このように琵琶湖で見られるタモロコの形態変異を私は「反ホンモロコ化現象」と呼んでいます。

湖沼であればホンモロコ化するはずのタモロコは、なぜ琵琶湖では反ホンモロコ化するのでしょうか？　それは琵琶湖には競争相手のホンモロコがいて、他の湖沼にはホンモロコがいないことと関係があります。一般に、生態的特徴から生物種を定義するのに二つの基準がありま す。生態的地位（ニーシュ）と生息場所（ハビタット）です。生態的地位は生態系における専門的役割を意味し、その種のいわば「職業」に相当します。生息場所は文字どおりその種の「住所」に相当します。個々の生物種は独自の生態的地位と生息場所を持っています。ヒトとチンパンジーは遺伝的には98％同じですが、互いに別種としての関係を維持できるのは生態的地位も生息場所も異なるからです。

群集生態学には競争排除則という原則があります。これは旧ソ連の生態学者であるゲオルギー・ガウゼが提唱したので、「ガウゼの法則」とも呼ばれています。「同じ生態的地位にある複数の種は、安定的に共存できない」と説明しています。たとえてみるならイス取りゲームみたいなものです。とりわけ競争の激しい近縁種どうしが共存するためには、生態的地位か生息場所のどちらか一方を、あるいは両方をずらさなければなりません。

ホンモロコ化したスワモロコがいる諏訪湖に、より湖中適応したホンモロコを移殖すれば、スワモロコなんてひとたまりもありません。事実、スワモロコが絶滅した一因ともいわれてい

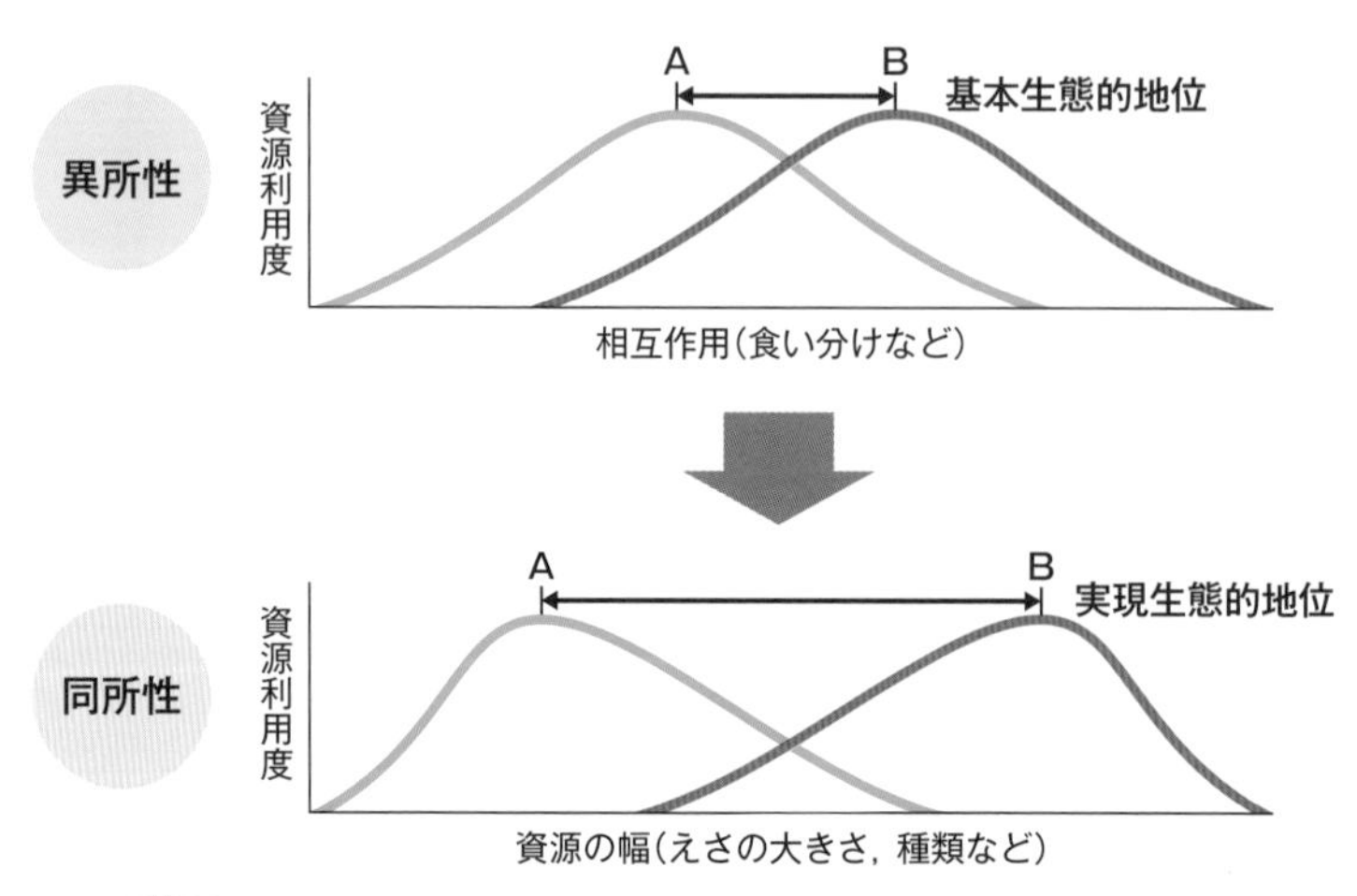

図7-4 えさをめぐる近縁2種間の競争回避と生態的地位の分化

ます。自然界では餌の量は概して限られていま す。だからこそホンモロコがいる琵琶湖でタモロコが反ホンモロコ化するのは、互いに共倒れを防ぐ生物種間の暗黙のルール、言いかえれば共存のための約束ごとなのです。もちろん同じ種でも成長や発育にともない生態的地位と生息場所を変えていきますが、近縁種との調整は長い年月の中で巧みに調整されています。

アメリカの鳥類生態学者リックレフスによれば、生態的地位はさらに「基本生態的地位」と「実現生態的地位」に分けることができます（図7-4）。この二つの違いは、分布域に競争相手がいるかいないかによるものです。つまり基本生態的地位は競争相手がいない場合で、餌を独り占めにできます。実現生態的地位は競争相手がいる場合で、競争相手とともに本来の生態的地位を互いにずらして食い分けるので、共存を可能にします。競争の激しい人間社会だっておおんなじことです。にくたらしい同僚との関係を何とかしたいなら、勤務時間や部署を変えたりすれば、うまくやれるもんです。

これをタモロコにあてはめてみると、ホンモロコのいない三方湖のタモロコは基本生態的地位にあり、ホンモロコのいる琵琶湖のタモロコは実現生態的地位にあるといえるでしょう。実現生態的地位は、重複する中間の生態的地位を持つ個体が淘汰されるという、生態的地位の二極分化の結果です。その一方でどっちつかずの中途半端な連中には居場所がないのです。分化した二つの実現生態的地位の間には明らかに優劣関係があります。琵琶湖では栄養価が高く資源量が約束されているミジンコをホンモロコが独り占めにしている一方で、タモロコはその反動で生きるためには何でも食べなければならないという割を食うことになってしまっています。その結果、よいものばかりを食べるホンモロコは、タモロコ属魚類の中で最大の魚種に進化しています。

このようにタモロコとホンモロコのせめぎあいを介した形態変異は「形質置換」と呼ばれています。この現象はアメリカの進化生態学者、ブラウンとウイルソンがはじめて明らかにしました。形質置換とは、競争相手が持つ形質が競争相手がいないときには表れるのに、同じ場所にいるときには表れない、つまり置き換わってしまう現象のことを言います。その理由として近縁種間の違いは進化の過程で、同所的に分布する場合には強化され、異所的に分布する場合には弱められると説明しています。彼らはその具体的例として、鳥のゴジュウカラの2種間で分布が別々である場合、見分けがつかないほどよく似ているのに、分布が重なるとその違いは一目瞭然になると述べています（図7-5）。ゴジュウカラではくちばしと目の下を走る過眼線（かがんせん）の太さに形

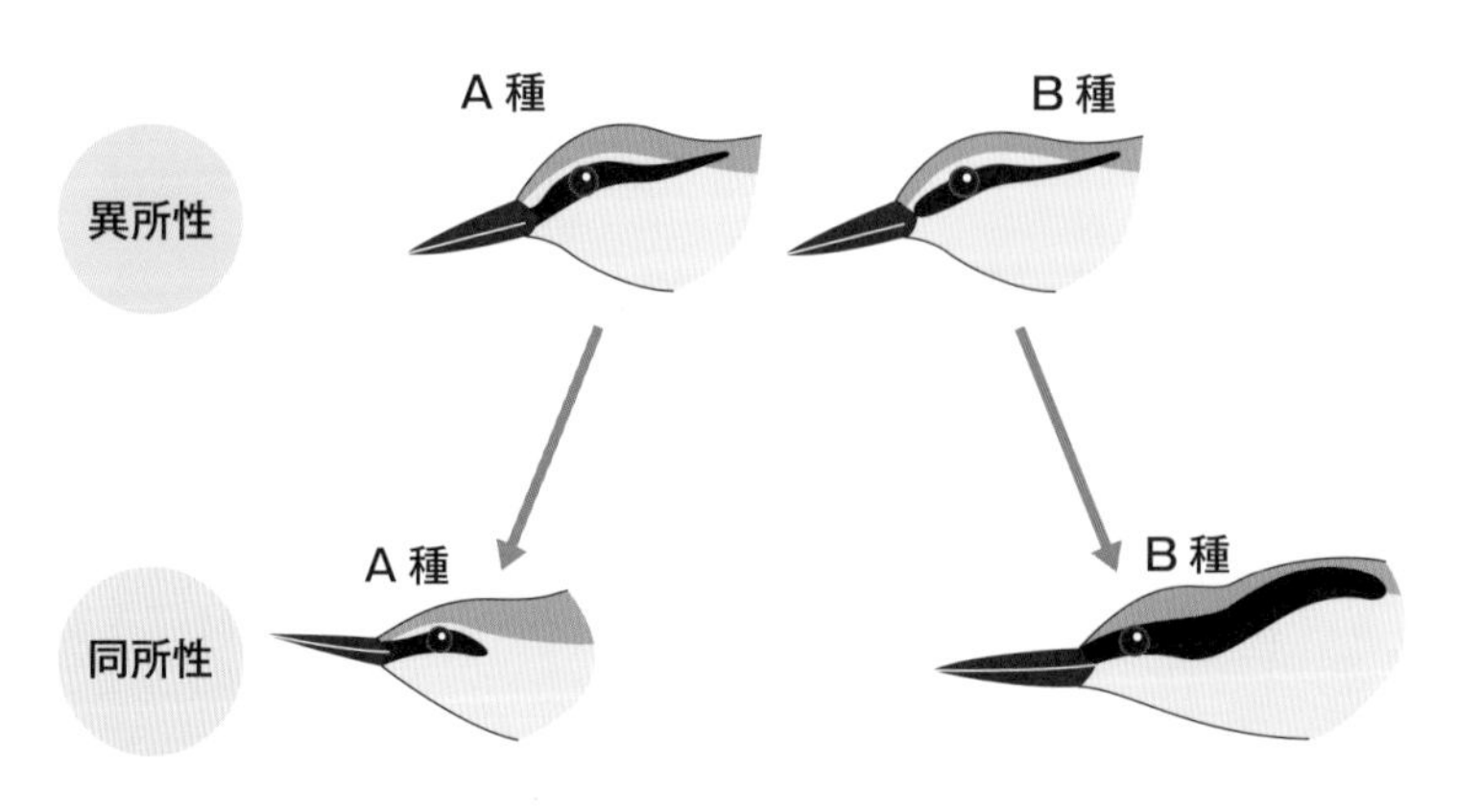

図7-5　ブラウンとウィルソンが明らかにしたゴジュウカラの形質置換
E.P.オダム著・三島次郎訳『生態学の基礎(上)』(培風館)掲載の図をもとに作図

質置換が起こっています。形質置換は鳥ではくちばし、魚類では口ひげや鰓把のような摂餌（せつじ）器官を構成する形質に表れる傾向にあるといわれていますが、形質置換する形質は形態にとどまらず生理や行動にも認められ、いずれの形質もその場限りのものではなく、遺伝的に裏打ちされたものです。

　しかし、ホンモロコとタモロコの間の関係はかならずしも教科書どおりではありません。ブラウンとウイルソンが説く形質置換に厳密に従うのであれば、ホンモロコはタモロコのいないところでは「タモロコ化」するはずです。ホンモロコの異所的分布域が存在しない、言いかえれば河川で生息できないのは、彼らが居座る生態的地位の高さと幅に原因があるからです。元来スペシャリストのホンモロコは琵琶湖でのお坊ちゃまの生活に慣れすぎて、すでにタモロコ化するポテンシャルを捨ててしまい、水量や水温が季節ごとに変動する変化の著しい河川では過酷な生活に耐えられなくなっているからです。人間だってそうでしょう、いつもえばっている人ほど環境の変化に弱いもんです。

柿岡諒博士らの研究結果は琵琶湖のタモロコの主要群ははホンモロコと系統を異にし、むしろ伊勢湾周辺域のタモロコと類縁関係にあることを示しています。ホンモロコがいる、いないによってタモロコがどのような分化を遂げているのか研究を詰める必要があります。正直言って、タモロコの地理的変異をめぐる私の考え方はまだまだ仮説の域を脱していません。特に異所的分布域とホンモロコとの同所的分布域における食性の違いなど、生態的な裏づけに乏しいことは否めません。それを補う研究の一環として、現在、近畿大学卒論生の吉村一輝(かずき)君と望月健太郎君が、手始めに三方湖のタモロコの調査に精力的に関わってくれています。さらにタモロコのなかでスワモロコだけが亜種に分類されているというアンバランスを解消するためにも、スワモロコよりももっと大きく分化した琵琶湖や三方湖など、タモロコの地方集団全体を網羅する分類学的整理が望まれます。このことは保全対象を明確にするうえでも重要です。実際、佐鳴湖のタモロコもスワモロコに次いで絶滅してしまったようです。タモロコの分類学的整理は急務を要します。

琵琶湖で見られるタモロコの特徴こそシーボルトが入手したタモロコの形質に合致します。そのことは琵琶湖のタモロコが学名を担うことを意味します。タモロコの標本調査から導かれるように、シーボルト・コレクションは種分化のヒントまで与えてくれる優れものなのです。まさにシーボルトが焚きつけたタモロコ学の始まりです。

8 アユモドキ

いろいろな図鑑をぱらぱらと見てみると、〇〇モドキという和名のついた生物がいるのに気がつくことがあります。一般に「もどき」という接尾辞は、あるものに似ているまがいものを意味します。アユモドキもその例にもれず、アユにそっくりな魚という意味です。確かにアユモドキは適度に平べったく、尾びれは深く切れ込んでいるので、アユに見えないことはないです（図8-1、C）。体色はややピンクがかった灰色で琵琶湖東岸の彦根市周辺では「アイハダ」と呼んでいます。「アイ」とはアユを指します。おまけにぬめりがあるので、なおさらアユの親戚と思いたくなります。

ところがアユモドキはアユの親戚ではなく、じつはドジョウの仲間です。その証拠にアユにあるはずの脂びれがありません。逆にアユにないはずの口ひげを6本も備え、小さな個体なら体側に阪神タイガースファンが喜びそうなしましまの黒色横帯があります。このようにアユモドキは日本の淡水魚の中でも相当変わった風体を呈しています。好奇心旺盛なシーボルトがアユモドキを目にすれば、それを見逃すはずがないでしょう。

シーボルトは発見当初からアユモドキをドジョウの仲間であると認識していたようです。その証拠として『日本動物誌』魚類編では、シマドジョウ属の1種として新種記載されました。現在、有効とされる学名は*Parabotia curtus*です。*Parabotia*（パラボティア）はギリシャ語で「ボティアに近い仲間」を、*curtus*（クルタス）はラテン語で「短い」を表すことから、彼らにとってド

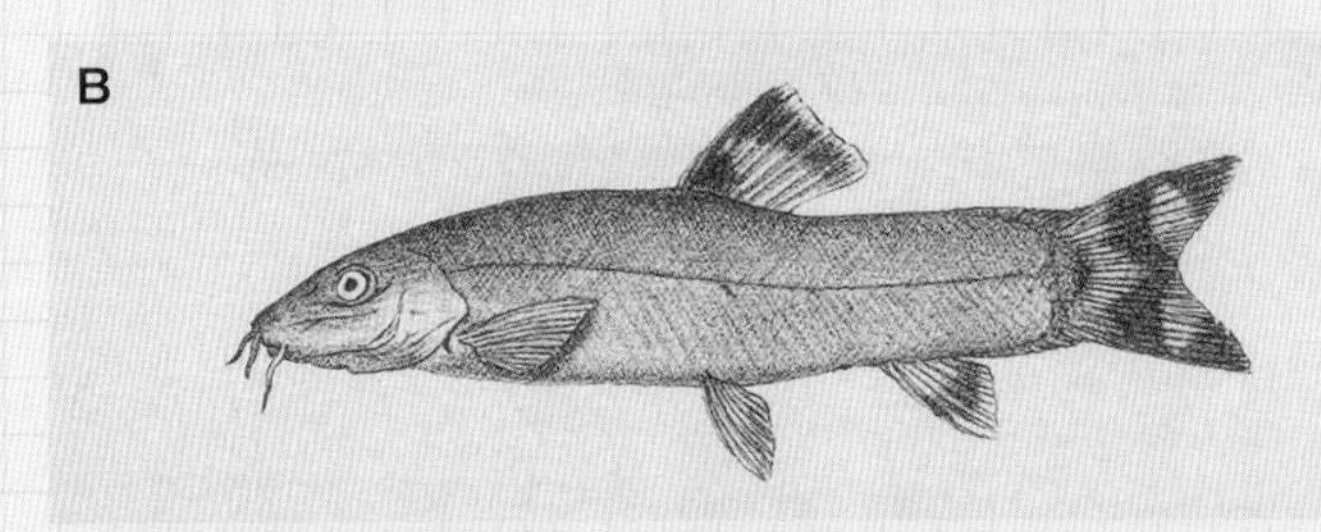

図8-1　アユモドキの外観

A　シーボルト・コレクション（ホロタイプ、RMNH2708）
B　『日本動物誌』魚類編（左右反転）　BHLサイトより
C　現存個体（京都府八木町産由来繁殖個体）

図8-2 アユモドキの仲間の熱帯魚、クラウンローチ
月刊アクアライフ提供

ジョウにしては妙に太短い印象があり、普通のドジョウではないことを理解していたのです。実際に、彼らはインド産のボティア類 *Botia geta* と *B. dario* に似ていると述べています。ボティア類と言えば、熱帯魚ファンなら誰でも知っているクラウンローチを思い浮かべることでしょう（図8-2）。

シーボルトが持ち帰ったアユモドキは1個体だけでライデンにあるナチュラリスに液浸標本として保存されています。もともと『日本動物誌』でも1個体しかないことを明記してあるので、この個体が学名を担うホロタイプに相当します（図8-1、A・B）。ホロタイプ（RMNH 2708）は体長5㎝の小型個体で、保存状態はあまりよくありません。標本は白化し本種の幼魚を特徴づける体側の黒色横帯はほとんど消えていて、尾びれにはわずかに残っている程度です。

アユモドキは長崎周辺には分布しないので、江戸参府の過程で入手したことは間違いありません。

標本の保存状態がかなり悪いことからも、液浸標本に使うアラック（第1章第4節参照）が不足がちな旅先で、アユモドキの鮮魚を入手して応急処置により固定したことをにおわせます。

江戸参府の道程と照らし合わせみると、往路では瀬戸内海を航海した後、兵庫県室津港から陸路へ、帰路では神戸港から海路に転じています。兵庫県下では本種は分布していないので、ホロタイプの入手場所すなわちタイプ産地（模式産地）は琵琶湖・淀川水系に特定されます。その時期については往路（1826年3月）であるのか帰路（1826年6月）であるのか明らかではありませんが、ゲンゴロウブナ、ニゴロブナ、ハスなどの琵琶湖固有種とともに琵琶湖岸で直接採集したか、あるいは滞在期間が長かった宿泊地の京都で入手したものと思われます（第2章参照）。

大陸の端にある日本列島にはオオサンショウウオのように原始的な生物種がけっこう生き残っています。大陸の中心で新たに生まれた強い競争相手が日本列島まで及ばなかったことが幸いしたようです。アユモドキは日本の固有種で琵琶湖・淀川水系と山陽地方に不連続分布し、日本列島の淡水魚類相と密接に関係する韓国の諸河川にはいません。仲間の多くは東南アジアに広く分布します。アユモドキは頬（ほお）にうろこが残っていたり、目の下トゲが二叉（にさ）していたり、核相（染色体数）が2倍体のままであるのに対して、東南アジアのボティア類はうろこもトゲも退化的でおまけに核相が倍加して4倍体になるなどかなり特殊化しています。類縁関係から判断するとボティア類よりアユモドキの方が原始的なので、アユモドキは東南アジアからやってきたのではなく、ずっと日本列島に棲み続けてきた進化の生き証人と思われます。

かつては平野部の水田まわりの小川や大河川に隣接するワンドに生息していました。琵琶湖でも内湖を中心に湖東の沿岸域にふつうに見られました。特に彦根市にあった石寺内湖（現在の曽根沼）では食用になるくらいたくさんいたそうです。滋賀県立琵琶湖博物館の川瀬成吾博士は、各地の博物館の調査から、下流に位置する巨椋池産の標本を確認されています。ところが残念なことに、アユモドキは今危機に直面しています。

アユモドキの繁殖場所に共通するのは、河川が氾濫や満水して草地が水浸しになってできる湿地で、いわゆる一時的水域とよばれるものです（図8-3）。そのような湿地はもともと河川が自然に作り出した構造物の後背湿地でしたが、現在ではことごとく田んぼに変えられています。成魚はいつも河川や農業水路の流れの緩やかなところに潜んでいて、梅雨時になると一斉に田んぼに向かい産卵します。そのため彼らが一生を全うするためには、石垣護岸や小岩の隙間など隠れ場所があることと（図8-4）、ふだんの生活場所から繁殖場である田んぼまでの道筋が確保されていることが前提となります。

ところが、現在、稲作の生産効率を上げることを目的に日本中で進められている圃場整備事業では、水路はコンクリート3面貼りに変えられたのでアユモドキの隠れ家などはなくなりました。おまけに水はけをよくするために、排水路と田んぼの落差は1m以上もつけられ、もはや田んぼに入ることなどできなくなりました。アユモドキは私たちのご飯の犠牲になったのです。それに加えて宅地開発、ブラックバスなどの食害により激減し、どの生息地も予断をゆるさない状況に置かれています。

図8-3 岡山県吉井川水系小河川のアユモドキの繁殖地

図8-4 岡山県旭川水系農業水路のアユモドキ生息地における保全のための護岸

確実な生息地は京都府亀岡市、岡山県の吉井川水系と旭川水系のごく一部に限られます。琵琶湖水系では1992年に西の湖に注ぐ山本川で、ウナギを取るための筒により採捕された個体を最後に記録がありません（図8-5）。そのため、アユモドキは1977年に国の天然記念物（種指定）に指定されるとともに、環境省は絶滅の恐れがもっとも高い絶滅危惧ⅠA類に位置付け、2004年に種の保存法に基づき国内希少動植物種に指定しています。同様に、アユモドキの置かれている状況は世界的にも注目されており、国際自然保護連合（IUCN）のレッドリストにおいてもっとも危険度の高いランクに位置づけられています。なかでも京都府亀岡市の集団は琵琶湖・淀川水系集団の最後の砦となっていますが、タイプ産地（模式産地）を代表する集団、すなわちトポタイプ（生きている個体）として分類学的に特別な意味を持ちます（第3章第1節参照）。

国内外から注視されるなか、よりによってこの生息地にサッカー場が建設されてしまいました（2020年1月竣工）。建設現場は近畿地方におけるアユモドキの唯一の繁殖場でした。建設を実施した京都府と亀岡市は見返りに「共生ゾーン」を造成し保護施策を進めると言っています。そもそも水道の元栓を壊しておきながら蛇口の改良で代替することにどれほどの意味があるというのでしょうか。

シーボルトが旅の道中で手に入ったアユモドキは、今や絶滅の淵に追いやられています。この危機的状況を何とか打開し、後世に伝えたいものです。それは現代人の務めであります。

図8-5 琵琶湖水系で最後のアユモドキが採れた西の湖とその個体

上　滋賀県防災航空隊の協力により撮影

下　LBM24238

あとがき

本書の主な内容は、２０１５年3月に行われた滋賀県立琵琶湖博物館の市民公開セミナーにおいて、藤岡康弘博士から依頼された講演内容をまとめたものです。そもそも本書への取り組みのきっかけは、琵琶湖博物館の篠原徹前館長に依頼にあります。ところが、私の近畿大学定年退職直後の整理に時間を取られてしまい、のびのびとなってしまいました。その後、博物館を引き継がれた高橋啓一現館長からもいくどとなく執筆を促され、出版に至るまでとうとう4年もかかってしまいました。両館長には本当に申し訳ない気持ちでいっぱいです。

長崎での活動をイメージしやすいシーボルトが、実は琵琶湖の魚たちと深い関係にあることを、本書を通じてご理解いただけたかと思います。一方、琵琶湖の淡水魚研究の中核といえば、いうまでもなく琵琶湖博物館です。淡水魚をめぐる研究では、生態学、集団遺伝学、それに分類学が相互に関わっています。その対象となる魚類多様性の謎を解くカギは、標本にこそ隠されているのです。琵琶湖に固有な淡水魚のうち正模式標本として琵琶湖博物館に保存されているのは、わずかに1種、ビワヨシノボリに過ぎません。

シーボルト・コレクションの魚類標本には多くの模式標本が含まれています。分類の安定を考えるならば、ホロタイプやレクトタイプのような学名を担う模式標本を安易に移動させるわけには行きません（第3章第1節参照）。ところが、それらを補うパラタイプやパラレクトタイプであれば話は別です。パラタイプとパラレクトタイプが世界中の博物館に分置してあれば、分類学者のアクセスも容易になりますし、なによりも保管・展示することにより市民の関心を

固有の淡水魚のうち、ゲンゴロウブナやハスなどの魚種にはパラレクトタイプが複数あります（第3章第3節・5節参照）。もしそれらの一部でもよいから琵琶湖博物館に移管できれば、博物館の収蔵庫が充実し展示標本の目玉になるでしょう。そればかりか、シーボルトと琵琶湖との結びつきについて、市民の理解が深まるに違いありません。その手始めとして本書を通じてその機運を高めてほしいものです。

私は本書を執筆するのにあたり、一般市民を対象として平易に解説したつもりです。さらにシーボルト・コレクションの魚類標本について詳しくお知りになりたければ、専門書『シーボルトが見た日本の水辺の原風景』（東海大学出版部）を参照ください。本書をまとめるにあたり、第1・2章を京都産業大学附属高等学校の朝井俊亘（としのぶ）博士、第3章を建設環境研究所の藤田朝彦（ともひこ）博士にお読みいただき、的確なご指摘をいただきました。琵琶湖博物館の川瀬成吾博士からは、博物館の所蔵標本と琵琶湖の淡水魚の現況についてご教示いただきました。また、多くの研究者、研究機関、出版社におかれましては、所蔵写真の利用と図表の転載を許可いただきました。最後に、サンライズ出版の岸田幸治さんには本書の出版に至るまで、筆が遅く、さまざまに構成を変えたにもかかわらず、辛抱強く対応いただいた。合わせて、ご協力いただいたすべての方々に御礼申し上げます。

２０２３年２月

細谷和海

参考文献

阿部司・岩田明久（２００７）アユモドキ：存続のカギを握る繁殖場所の保全．魚類学雑誌，54：２３４－２３８．

Boesman, M. (1947) Revision of the fishes collected by Burger and Von Siebold in Japan. Zoologische Mededeelingen (Leiden), 28: 1-242.

Brown, W.L. and E. O. Wilson (1956) Character displacement. Syst. Zool., 5: 49-64.

動物命名法国際審議会（２００５）国際動物命名規約（ＩＣＺＮ），第４版．日本語版監修 日本学術会議動物科学研究連絡委員会，日本分類学会連合．

藤田朝彦・西野麻知子・細谷和海（２００８）魚類標本から見た琵琶湖内湖の原風景．魚類学雑誌，55：77－93．

Gause, G.F. (1934) The struggle for existence. Hafner, New York (reprinted 1964 by Williams & Wilkins, Baltimore, Md).

橋本道範（２０１６）再考ふなずしの歴史．サンライズ出版，彦根．

平野敏行・章超樺（１９９３）淡水魚の香気―アユの香りはどのように生成されるか（今日の話題）．化学と生物，31(7)：４２６－４２８．

細谷和海（１９８７）タモロコ属魚類の系統と形質置換．水野信彦・後藤晃（編），pp. 31－40．日本の淡水魚類．東海大学出版会，東京．

細谷和海（編著）（２０１９）シーボルトが見た日本の水辺の原風景．東海大学出版部，東京．

細谷和海（編著）（２０１９）日本の淡水魚．増補改訂版，山渓ハンディ図鑑，山と渓谷社，東京．

Hosoya, K., H. Ashiwa, M. Watanabe, K. Mizuguchi and T. Okazaki (2003) *Zacco sieboldii*, a species distinct from *Zacco temminckii* (Cyprinidae). Ichthyol. Res., 50: 1-8.

堀越昌子（２０１２）淡水魚のナレズシ文化．醸協，１０７：３８９－３９４．

岩井保（２００２）旬の魚はなぜうまい．岩波新書８０５，岩波書店，東京．

Kakioka, R., T. Kokita, R. Tabata, S. Mori and K. Watanabe (2013) The origins of limnetic forms and cryptic divergence in *Gnathopogon* fishes (Cyprinidae) in Japan. Environ. Biol. Fish., 96: 631-644.

Kakioka, R., T. Kokita, H. Kumada, K. Watanabe and N. Okuda (2015) Genomic architecture of habitat-related divergence

and signature of directional selection in the body shapes of *Gnathopogon* fishes. Molecular Ecology, 24: 4159-4174.
環境省自然環境局野生生物課希少種保全推進室（編）（２０１５）レッドデータブック２０１４―日本の絶滅のおそれのある野生動物―４ 汽水・淡水魚類．ぎょうせい，東京．
柏山泰訓（２０００）室のオランダ人．「島屋」友の会会報 むろのつ，７：31–33.
片桐一男（１９９８）京のオランダ人．歴史文化ライブラリー40，吉川弘文館，東京．
片桐一男（２０１９）カピタン―最後の江戸参府と阿蘭陀塾．勉誠出版，東京．
ケンペル，斎藤信（訳）（１９７７）東洋文庫３０３，江戸参府旅行日記．平凡社，東京．
小林淳一（編著）（２０１６）江戸時代人物画帳―シーボルトのお抱え絵師・川原慶賀の描いた庶民の姿．朝日新聞出版，東京．
Kottelat, M. (2012) Conspectus Cobitidum: An inventory of the loaches of the world (Teleostei: Cypriniformes: Cobitoidei). The Raffles Bull. Zool., Supplement, 26: 1-199.
京の魚の研究会（２０１７）再発見 京の魚―おいしさの秘密．恒星社厚生閣，東京．
Linnaeus, C. (1758) Systema naturae per regna tria naturae, secundum classes, ordines, genera, species, cumcharacteribus, differentiis, synonymis, locis. Laurentii Salvi.
馬渕浩司・西田一也・吉田誠（２０２０）マルチプレックスＰＣＲ法を用いた琵琶湖水系産タモロコ属2種のミトコンドリアＤＮＡの簡易識別法：手法開発と南湖の産着卵への適用．魚類学雑誌，67：51–65.
松井洋子（２０１４）ケンペルとシーボルト「鎖国」日本を語った異国人たち．山川出版社，東京．
宮崎克則・福岡アーカイブ（編）（２００９）ケンペルやシーボルトたちが見た九州，そしてニッポン．海鳥社，福岡．
中村守純（１９６９）日本のコイ科魚類．資源科学シリーズ４，緑書房，東京．
中村守純・元信堯（１９７１）アユモドキの生活史．資源科学研究所彙報，75：９–15.
新村安雄（２０１８）川に生きる 世界の河川事情．中日新聞社，名古屋．
ねじめ正一（２００４）シーボルトの眼 出島絵師・川原慶賀．集英社，東京．
Odum, E.P.（１９７４）三島次郎（訳）生態学の基礎（上）．培風館，東京．

鬼倉徳雄・中島淳・江口勝久・三宅琢也・西田高志・乾隆帝・剣持剛・杉本芳子・河村功一・及川信（２００７）有明海沿岸域のクリークにおける淡水魚類の生息の有無・生息密度とクリークの護岸形状との関係．水環境学会誌，30：２７７−２８２．

大場秀章（編著）（２０１６）ナチュラリスト　シーボルト．ウッズプレス，横浜．

Ricklefs, R.E. (1973) Ecology. Chiron Press, Portland, Oregon.

澤田幸雄・相澤裕幸（１９８３）シマドジョウの学名について．魚類学雑誌，30：３１８−３２３．

ジーボルト，斎藤信（訳）（１９６７）東洋文庫87，江戸参府紀行．平凡社，東京．

下妻みどり（編著）（２０１６）川原慶賀の「日本」画帳．弦書房，福岡．

戸田直弘（２００２）わたし琵琶湖の漁師です．光文社新書，東京．

ツュンベリー，高橋文（訳）（１９９４）東洋文庫５８３，江戸参府随行記．平凡社，東京．

Watanabe, K., T. Abe and A. Iwata (2009) Phylogenetic position and generic status of the Japanese botiid loach. Ichthyol. Res., 56: 421-425.

山口隆男・町田吉彦（２００３）シーボルトとビュルガーによって採集され，オランダの国立自然史博物館，ロンドンの自然史博物館ならびにベルリンのフンボルト大学附属自然史博物館に所蔵されている日本産の魚類標本について．Calanus, 特別号Ⅳ：87−３４０．

協力者・機関（敬称略）

井藤大樹、稲英史、瀬能宏、滝川祐子、新村安雄、根來央、船津嘉代、森宗智彦、山口正吾、山本義彦、マーチン・ファン・オイエン、ニック・スパン

大阪府立環境農林水産総合研究所、九州大学附属図書館、近畿大学農学部図書館、国立国会図書館、滋賀県立琵琶湖博物館、長崎大学附属図書館、長崎市文化観光部出島復元整備室、長崎市文化観光部文化財課シーボルト記念館、長崎歴史文化博物館、オランダ・ナチュラリス生物多様性センター、オランダ・日本博物館シーボルトハウス、ドイツ・ビュルツブルグ・シーボルト博物館

【著者紹介】

細谷和海（ほそや・かずみ）

1951年、東京都生まれ。京都大学農学部卒業、農学博士。水産庁養殖研究所育種研究室長、中央水産研究所魚類生態研究室長を経て、2000～2018年近畿大学農学部教授、現在、名誉教授。2017～2019年日本魚類学会会長。専門は魚類学、系統分類学、自然保護論。淡水魚の分類から外来種、水田生態系の保全まで。主な著書（共編）に、『シーボルトが見た日本の水辺の原風景』（東海大学出版部）、『日本の淡水魚』（山と渓谷社）、『ブラックバスを退治する』（恒星社厚生閣）、『日本の希少淡水魚の現状と系統保存』（緑書房）など。

琵琶湖博物館ブックレット⑰

シーボルトが持ち帰った
琵琶湖の魚たち

2023年4月10日　第1版第1刷発行

著　者　細谷和海

企　画　滋賀県立琵琶湖博物館
〒525-0001 滋賀県草津市下物町1091
TEL 077-568-4811　FAX 077-568-4850

発　行　サンライズ出版
〒522-0004 滋賀県彦根市鳥居本町655-1
TEL 0749-22-0627　FAX 0749-23-7720

印　刷　シナノパブリッシングプレス

ISBN978-4-88325-790-4 C0345

定価はカバーに表示してあります。

琵琶湖博物館ブックレットの発刊にあたって

琵琶湖のほとりに「湖と人間」をテーマに研究する博物館が設立されてから2016年はちょうど20年という節目になります。琵琶湖博物館は、琵琶湖とその集水域である淀川流域の自然、歴史、暮らしについて理解を深め、地域の人びととともに湖と人間のあるべき共存関係の姿を追求してきました。そして琵琶湖博物館は設立の当初から住民参加を実践活動の理念としてさまざまな活動を行ってきました。この実践活動のなかに新たに「琵琶湖博物館ブックレット」発行を加えたいと思います。

20世紀後半から博物館の社会的地位と役割はそれ以前と大きく転換しました。それは新たな「知の拠点」としての博物館への転換であり、博物館は知の情報発信の重要な公共的な場であることが社会的に要請されるようになったからです。「知の拠点」としての博物館は、常に新たな研究が蓄積され、新たな発見があるわけですから、そうしたものを「琵琶湖博物館ブックレット」シリーズというかたちで社会に還元したいと考えます。琵琶湖博物館員はもとよりさまざまな形で琵琶湖博物館に関わっていただいた人びとに執筆をお願いして、市民が関心をもつであろうさまざまな分野やテーマを取りあげていきます。高度な内容のものを平明に、そしてより楽しく読めるブックレットを目指していきたいと思います。このシリーズが県民の愛読書のひとつになることを願います。

ブックレットの発行を契機として県民と琵琶湖博物館のよりよいさらに発展した交流が生まれることを期待したいと思います。

二〇一六年　七月

滋賀県立琵琶湖博物館

は喰違いを構えたり、土手を設けるなどして防御を固めていた。そして城下の周辺には寺社が配置され寺町も形成されていた。藩主の菩提寺には歴代藩主の墓所も設けられ、そうした構造は城下町そのものであった。

明治維新によってこうした小藩の陣屋はほとんど撤去されてしまい、城跡に比べると遺構の残存状況はよくない。さらにほとんど関心がないままに失われた遺構も多い。

しかし、実際に町中を歩いてみると、陣屋時代の街路がそのまま利用されていたり、武家屋敷や町人屋敷、水路や、寺院に移築された陣屋門などがまだまだ残されている。こうした現存する陣屋や陣屋町を全県的に紹介した書籍もなく、何とか江戸の小国家である陣屋の面白さを伝えたい思いで今回一冊にまとめることとした。本書によってぜひとも近江の陣屋を訪ねてほしい。

中井　均

CONTENTS
目次

近江の陣屋を訪ねて

大溝まち並み案内処 総門として活用されている

1997年頃の大溝陣屋総門

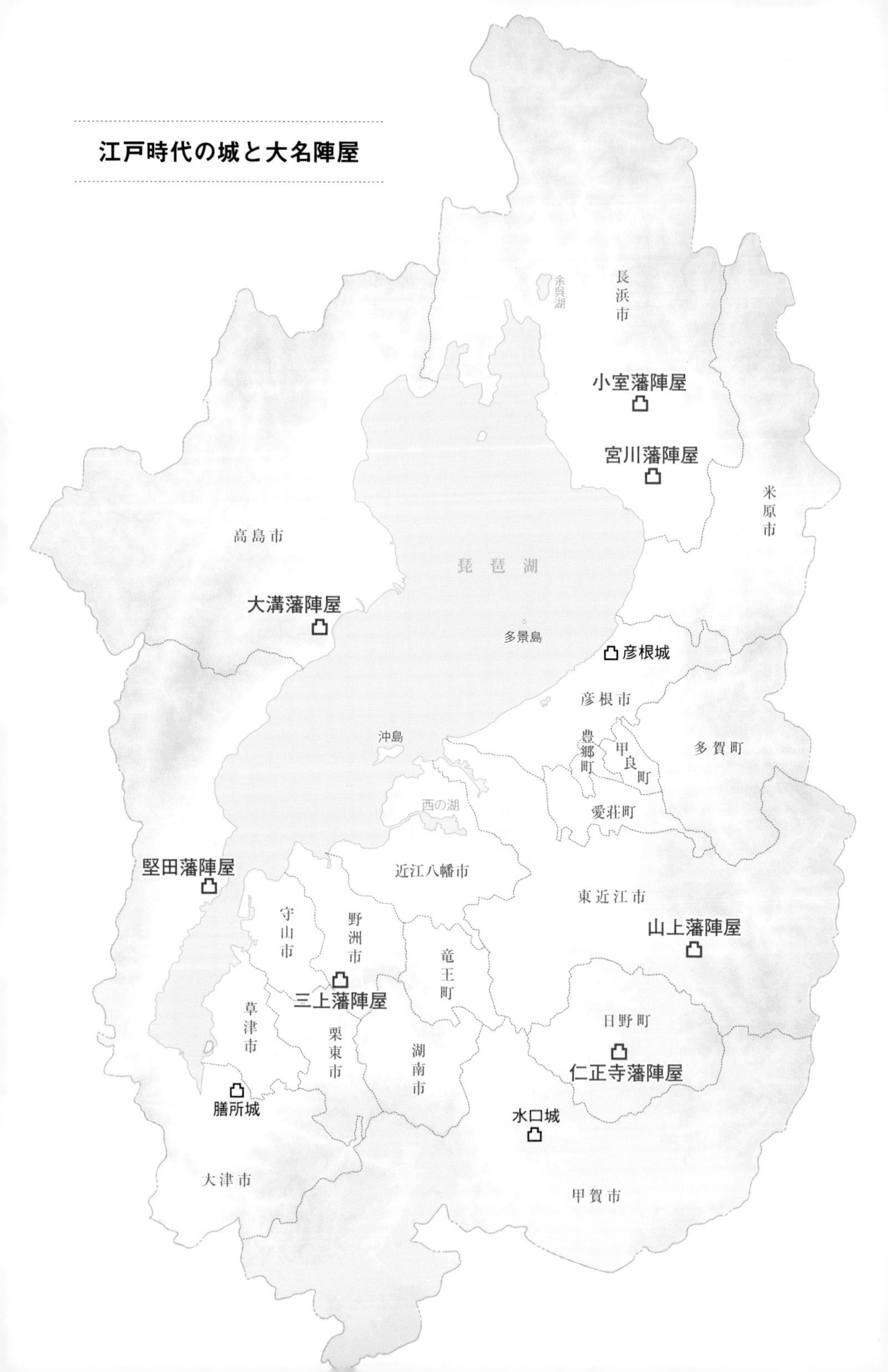

江戸時代の城と大名陣屋
余呉湖
長浜市
小室藩陣屋
宮川藩陣屋
米原市
高島市
琵琶湖
大溝藩陣屋
多景島
彦根城
彦根市
沖島
豊郷町
甲良町
多賀町
西の湖
愛荘町
近江八幡市
堅田藩陣屋
東近江市
守山市
野洲市
山上藩陣屋
竜王町
三上藩陣屋
草津市
栗東市
湖南市
日野町
仁正寺藩陣屋
膳所城
水口城
大津市
甲賀市

第1章

陣屋とは何か

この図は文政6年の石高帳より藩領、諸領地を区分している。但し道路、河川、境界線、鉄道、地名については地図作成時（昭和初め）のものを使用している。なお2～5章扉では該当陣屋の位置を凸で追加表記した。

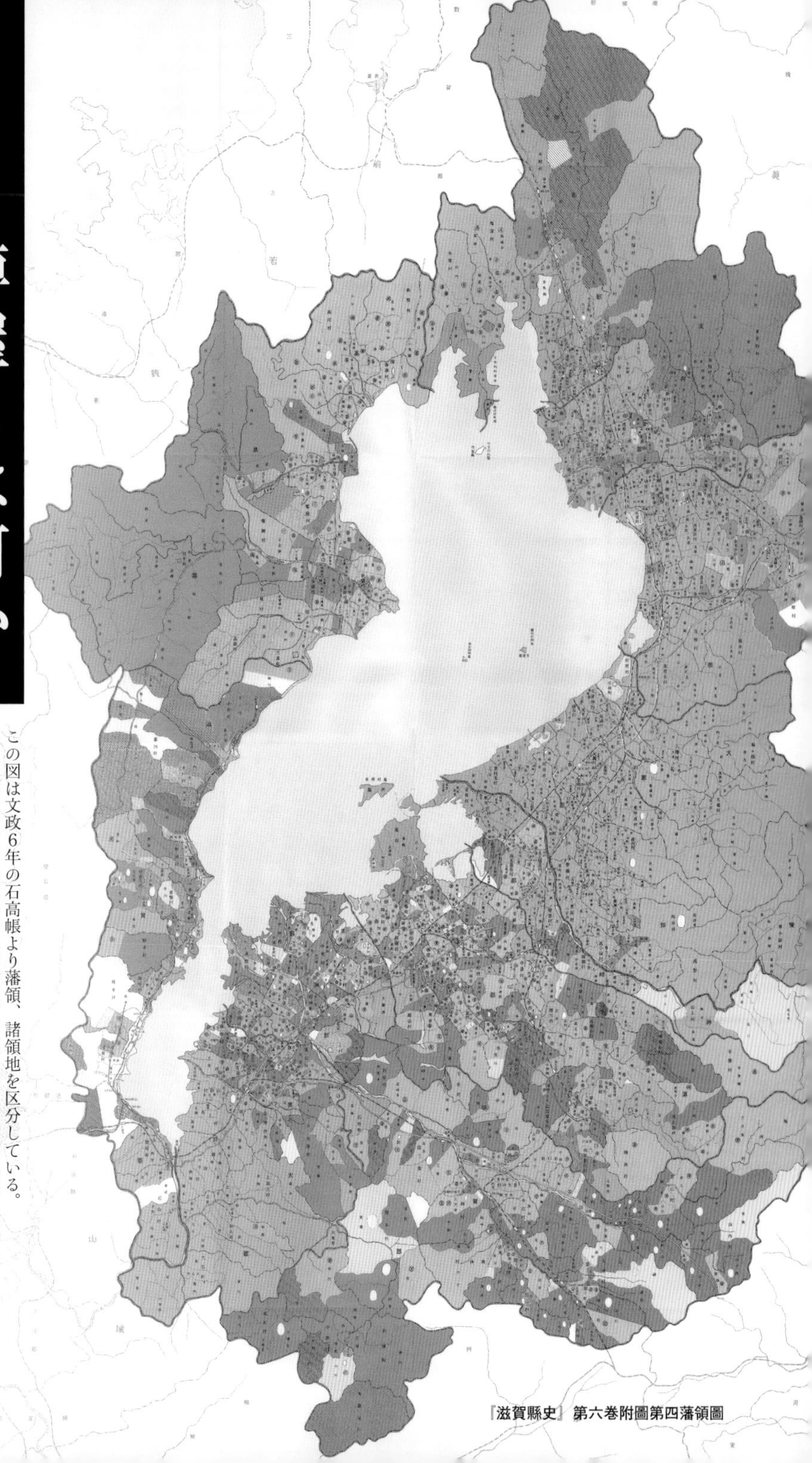

『滋賀縣史』第六巻附圖第四藩領圖

御殿と長屋門が現存する柏原藩陣屋（兵庫県丹波市）

大名陣屋と定義

江戸時代には日本全国に約300家もの大名が存在した。大名とは一万石以上の所領を持つ領主で、徳川将軍家との関係から一門である親藩、三河以来の家臣である譜代、関ヶ原合戦以後家臣となった外様という出自による身分だけではなく、国主、準国主、城主、城主格、無城という家格も存在した。このなかで無城とはその名称の通り居城を持てなかった大名のことで、実に100家にもおよんでいる。江戸時代の大名の三分の一は城を持てなかったのである。その無城大名の居所を一般的に陣屋と呼んでいる。

この大名陣屋には知行地に構えられたものと、定府（じょうふ）大名と呼ばれる参勤交代をせず、江戸に居住する大名が知行地に設けた役所としての陣屋がある。近江では仁正寺藩陣屋や大溝藩陣屋が知行地に構えられたもので、宮川藩陣屋や三上藩陣屋、山上藩陣屋が定府大名の陣屋である。

また、1万石以下の旗本のなかにも大名と同じように参勤交代を命じられた交代寄合が30家あまり存在しており、彼らの居所も陣屋と称していた。

さらに旗本の知行地に置かれた役所や、大名の飛地に構えた役所なども陣屋と称していた。

近江の大名陣屋

近江では明治2年（1869）の版籍奉還の段階で堀田氏1万3000石の宮川藩陣屋（定府）、市橋氏1万7000石の西大路（仁正寺）藩陣屋、分部氏2万石の大溝藩陣屋、遠藤氏1万20

00石の三上藩陣屋（定府）、稲垣氏1万3000石の山上藩陣屋（定府）が大名陣屋として存在したが、翌三年には三上藩が和泉国の吉見に陣屋を移転し、山形藩の水野家が朝日山に移ってくるなど錯綜している。なお、朝日山藩の藩庁を朝日山陣屋と呼んでいるが、水野氏は5万石で城主大名であり、正しくは陣屋ではない。

また、仁正寺藩は元和6年（1620）に立藩したが、文久2年（1862）に藩名を西大路藩と改名している。

近江の大名陣屋で興味深いことは仁正寺藩陣屋が蒲生氏郷の居城であった日野城（中野城）跡に、大溝藩陣屋が織田信澄によって築かれた大溝城跡に隣接して築かれていることである。

いずれも隣接するものの城跡を利用していない。無城主という立場から幕府に対して石垣や堀を構えた城跡にあえて入城しなかったのである。一方で戦に備えて古城を詰城として用いることを考えていたものと見られる。

近江のその他の陣屋

交代寄合の陣屋としては朽木陣屋（高島市）、大森陣屋（東近江市）が存在し、根来陣屋（近江八幡市）が旗本根来氏の知行地に構えられた陣屋として、金堂陣屋（東近江市）が大和郡山藩の飛地陣屋として存在していた。

さらに江戸時代に転封により廃藩となった堀田氏1万3000石の堅田藩陣屋や、お家取り潰しにより廃藩となった小堀氏1万余石の小室藩陣屋も存在した。

しかし、こうした陣屋は小規模で明治維新後は大半が破却され、その痕跡を残すものは少ない。ところが陣屋には小規模な陣屋町、寺町、大名墓所、藩校なども構えられ、ひとつの城下町を形成しており、現在でも街中にわずかにそうした痕跡が残されている。ここでは近江に残る大名の陣屋の痕跡を訪ねてみることとしたい。

大名陣屋と陣屋町

ところで大名陣屋は、城郭というよりはむしろ屋敷に近いが、小規模な堀や石垣を構えていた。

その中心となるのは藩庁としても利用された御殿である。柏原藩（兵庫県）御殿は唯一現地に残る陣屋の御殿である。近江では仁正寺藩陣屋の御殿が京都相国寺林光院に移築されて残されている。

三日月藩陣屋（兵庫県佐用郡佐用町）の中御門。左奥は物見櫓

もちろん城郭としての築城は認められておらず天守などを構えることは許されなかった。櫓に関しては太鼓櫓などと称して構えられており、三日月藩陣屋（兵庫県）では櫓門が構えられている。

陣屋の周囲には小規模ながら武家町、町人町が構えられ陣屋町が形成されていた。城郭の場合、堀によって武家町と町屋が区画されていたが、堀を持たない陣屋では門によって区画されていた。近江では大溝陣屋で陣屋と武家町が塀と水路によってまとめられ、総門によって区画されていた。

（中井　均）

第2章 仁正寺藩陣屋

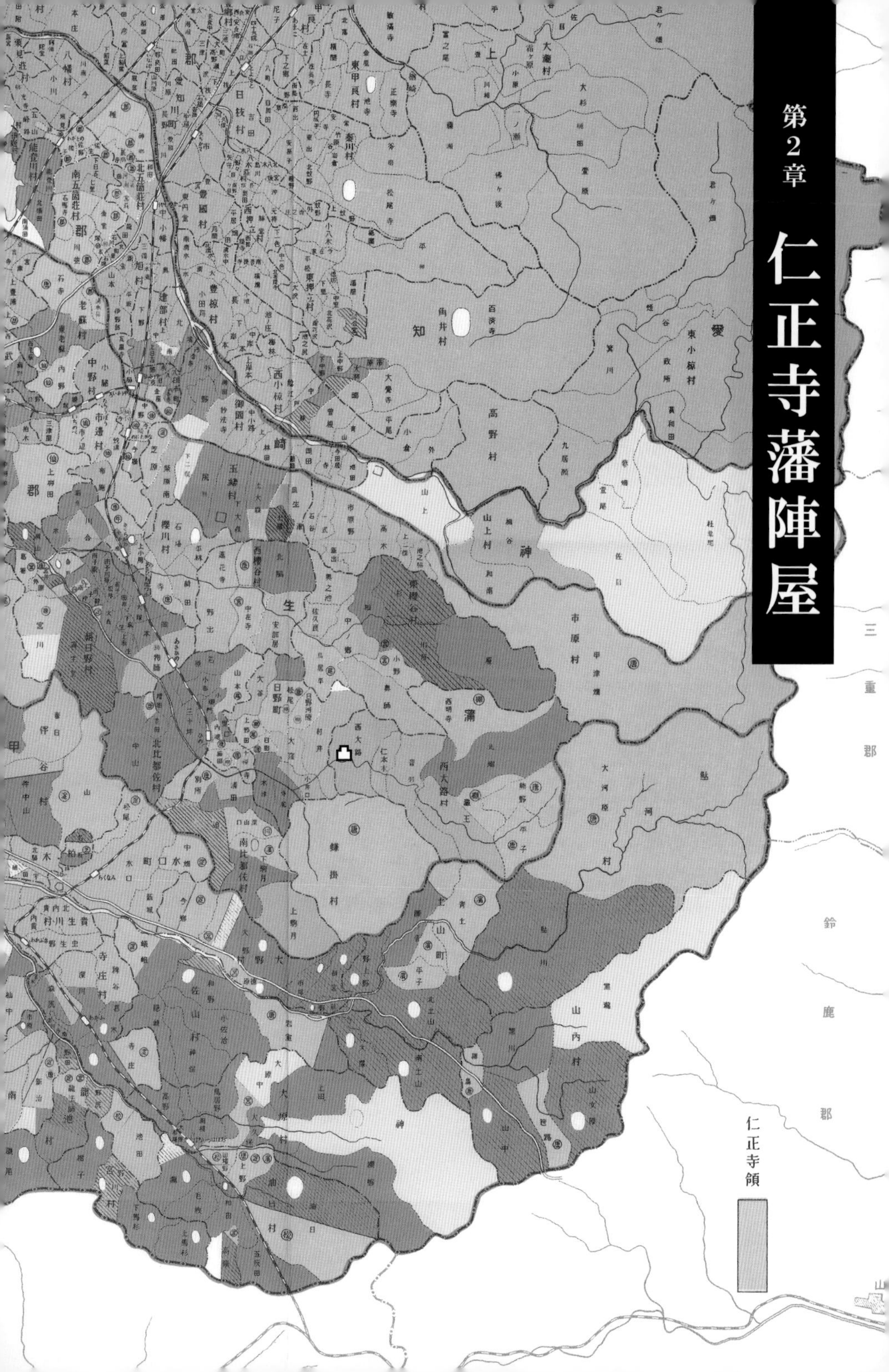

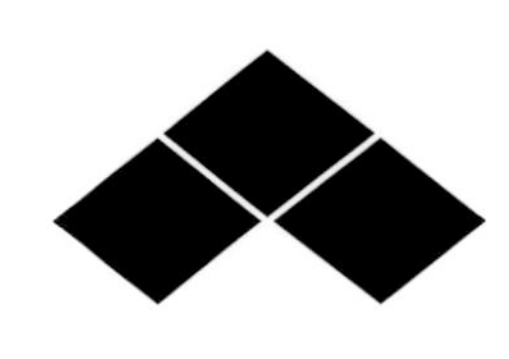

陣屋の歴史

仁正寺藩主　市橋氏の略歴

市橋氏は、中世、美濃国池田郡市橋（大垣市）を本貫地とした土豪である。美濃守護土岐氏や斎藤氏に属したのち、青柳城（大垣市）を居城としていた長利の時に織田信長に仕え、のちに羽柴秀吉に従った。ちなみに、幕末まで市橋領となる河内国交野郡星田を領した記録が初めて見られるのも秀吉の時期である。

長利の後を継いだ長勝は、羽柴（豊臣）秀吉、のちに徳川家康に従い、天正15年（1587）あるいは17年に、美濃国今尾（海津市）1万石を領した。

慶長5年（1600）の関ヶ原合戦では徳川方に属し、戦功により伯耆国八橋（琴浦町）および河内国星田（交野市）2万1300石に封じられた。

さらに元和2年（1616）には、大坂の役での戦功により、越後国三条（新潟県三条市）4万石に加増、転封となった。

ところが、元和6年3月に病を押して江戸に上った結果、病状を悪化させてしまったのである。死期を悟った長勝は、今後の市橋家と家臣を案じ、老中酒井忠世・土井利勝・本多正純宛てに嘆願書を提出したが、3月17日に死去してしまった。

この時点で、継嗣が無かった市橋家は領地を収公され、一旦

関係位置図

市橋長勝像（清源寺蔵）

市橋略系図（『寛政重修諸家譜』・『仁政要録』などを参考に作成）

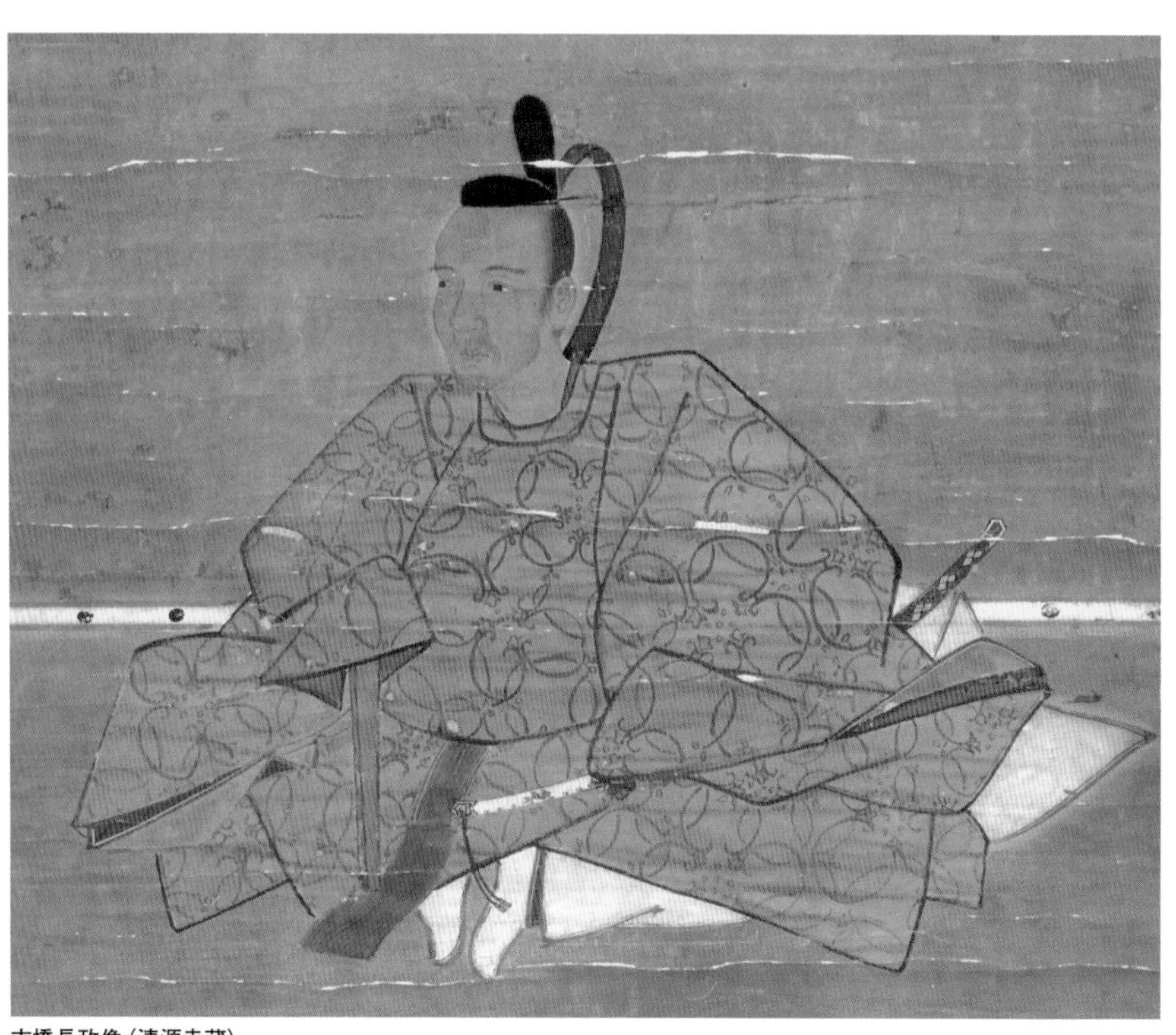

市橋長政像（清源寺蔵）

は断絶となったのであった。

こうしたなか、家臣達は幕府に甥の「長政」を養嗣として市橋家の相続を願い出たのであった。

市橋長政は、天正３年（１５７５）美濃国安八郡林村（大垣市）で、林右衛門左衛門と市橋長利の息女の四男として誕生した人物で、長勝の甥にあたる。慶長9年（１６０４）に徳川秀忠の旗本となっており（知行１千石）、慶長19年（１６１４）・20年の大坂の役では、自ら敵を討ち取る等戦功を立て、香取・海上二郡（旭市）の内３０００石に加増された。

元和2年に、長勝が三条に国替となると、長政も越後国与板（長岡市）３０００石を領することとなったが、長勝の死はそのわずか4年後の事であった。

当時、明文化されてはいないものの、いわゆる「末期養子の禁」が厳しく適用されており、長政の相続は絶望的と思われた。
ところが、5月15日に登城した長政に下されたのは、市橋家相続の許可であり、近江国蒲生郡24カ村、野洲郡3カ村・星田村の計2万石への国替えの命であった（『仁政要録』）。

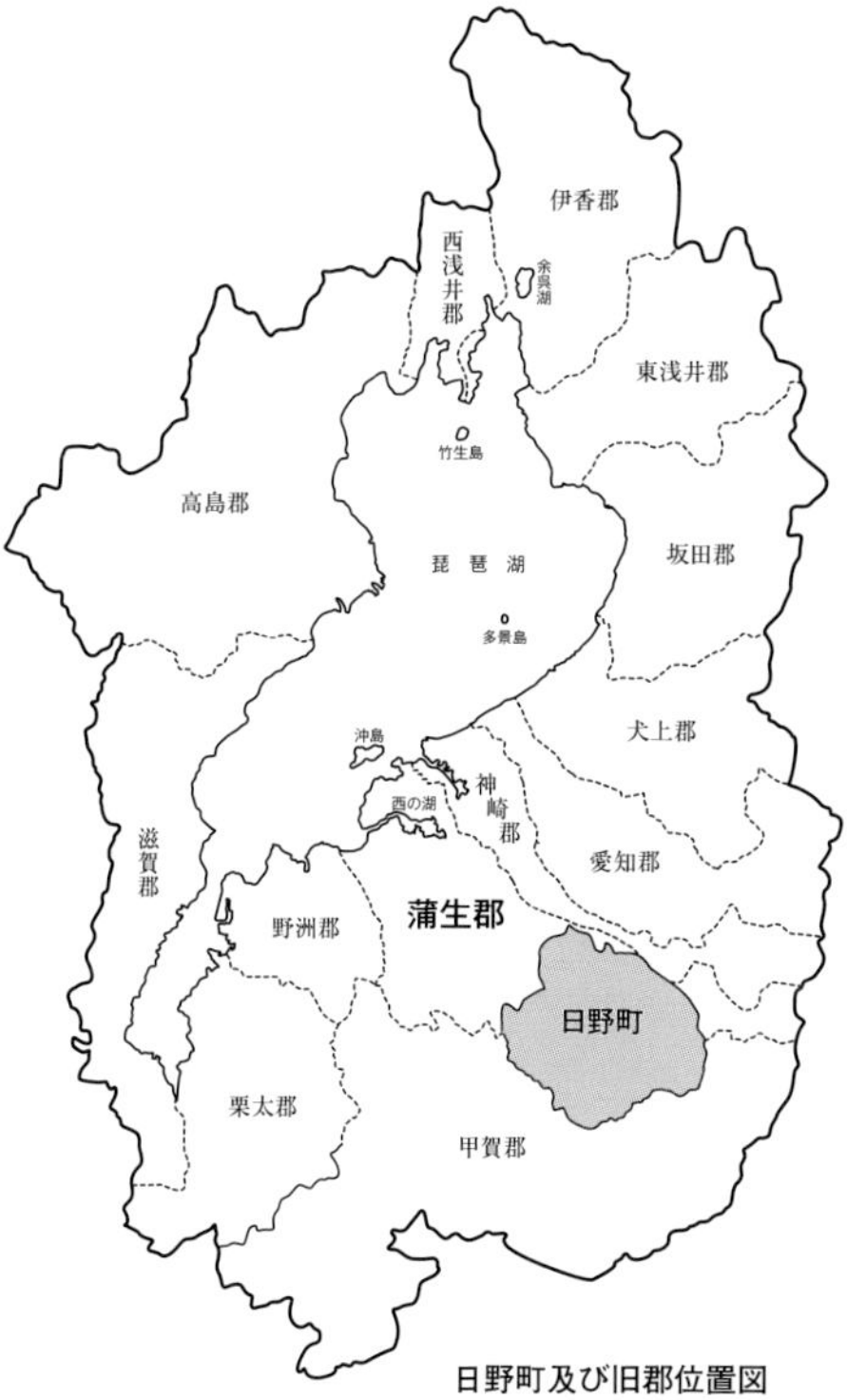

仁正寺藩立藩

元和6年（1620）6月22日に豊浦（近江八幡市）に到着した長政は、陣屋を建設する適地の調査を行った。その結果、9月に仁正寺（日野町西大路）に移り、興敬寺を仮の本陣として陣屋等の建設に取り掛かったのであった。

その地は、鈴鹿山系の峠越えの一つである「大河原越」から旧日野町に至る東西ルート沿いにあたり、中世この地を治めた蒲生氏の本拠「中野城」と、その周囲に設けられた家臣団居住地であったと考えられる地区にあたる。

中野城は、日野川右岸段丘上に築かれた約100×120mの方形城館である。

さらに、城を中心に東西約800m、南北約600mの範囲を、高さ約3mの土塁と幅約9mの「惣堀」で囲んでいたことが、近世に描かれた「蒲生城跡見取図絵図」や「仁正寺陣屋屋敷圖」、東端に位置する興敬寺に現存する遺構などから明らかである。

日野町及び旧郡位置図

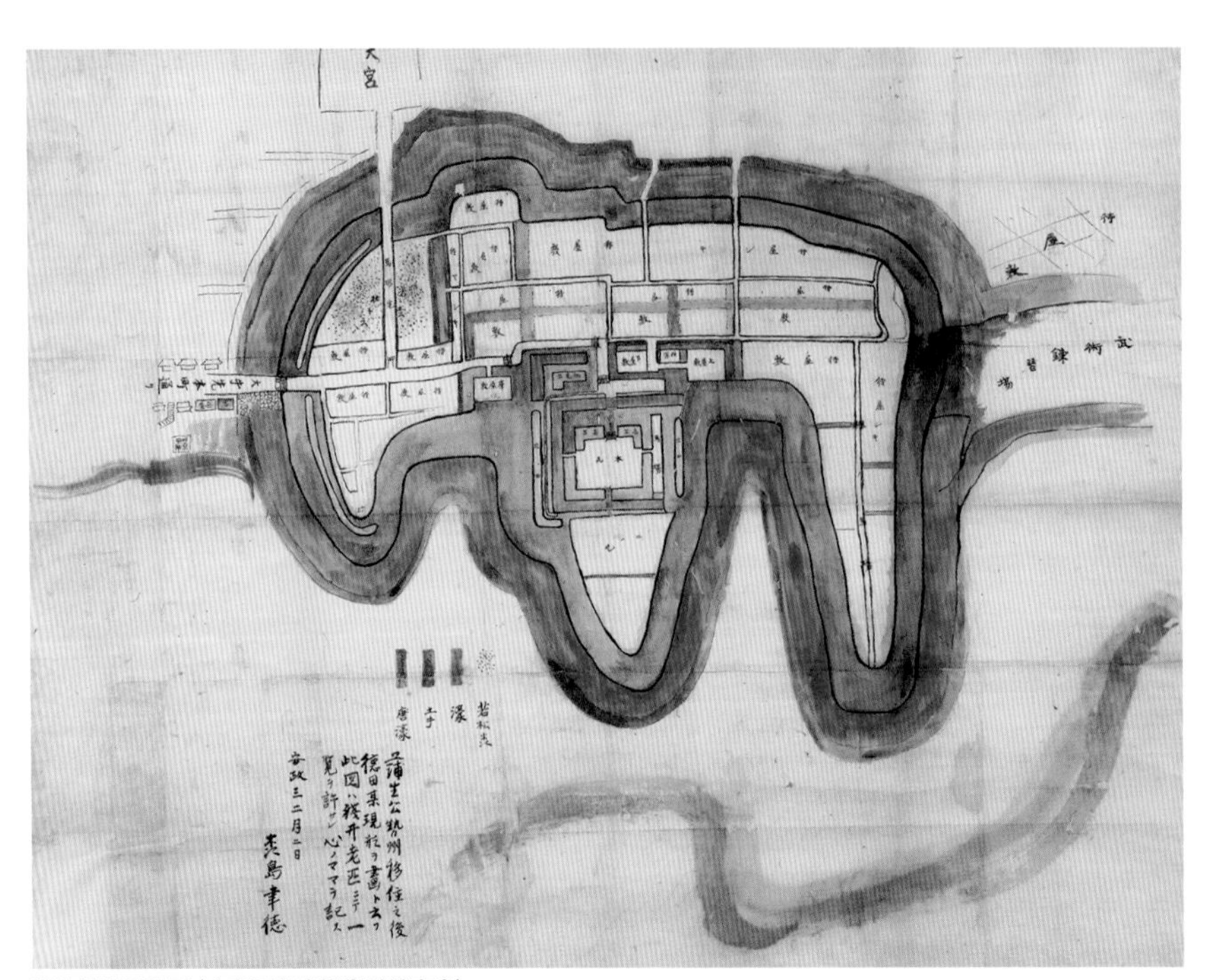

蒲生城跡見取図（大字西大路総代引継文書）

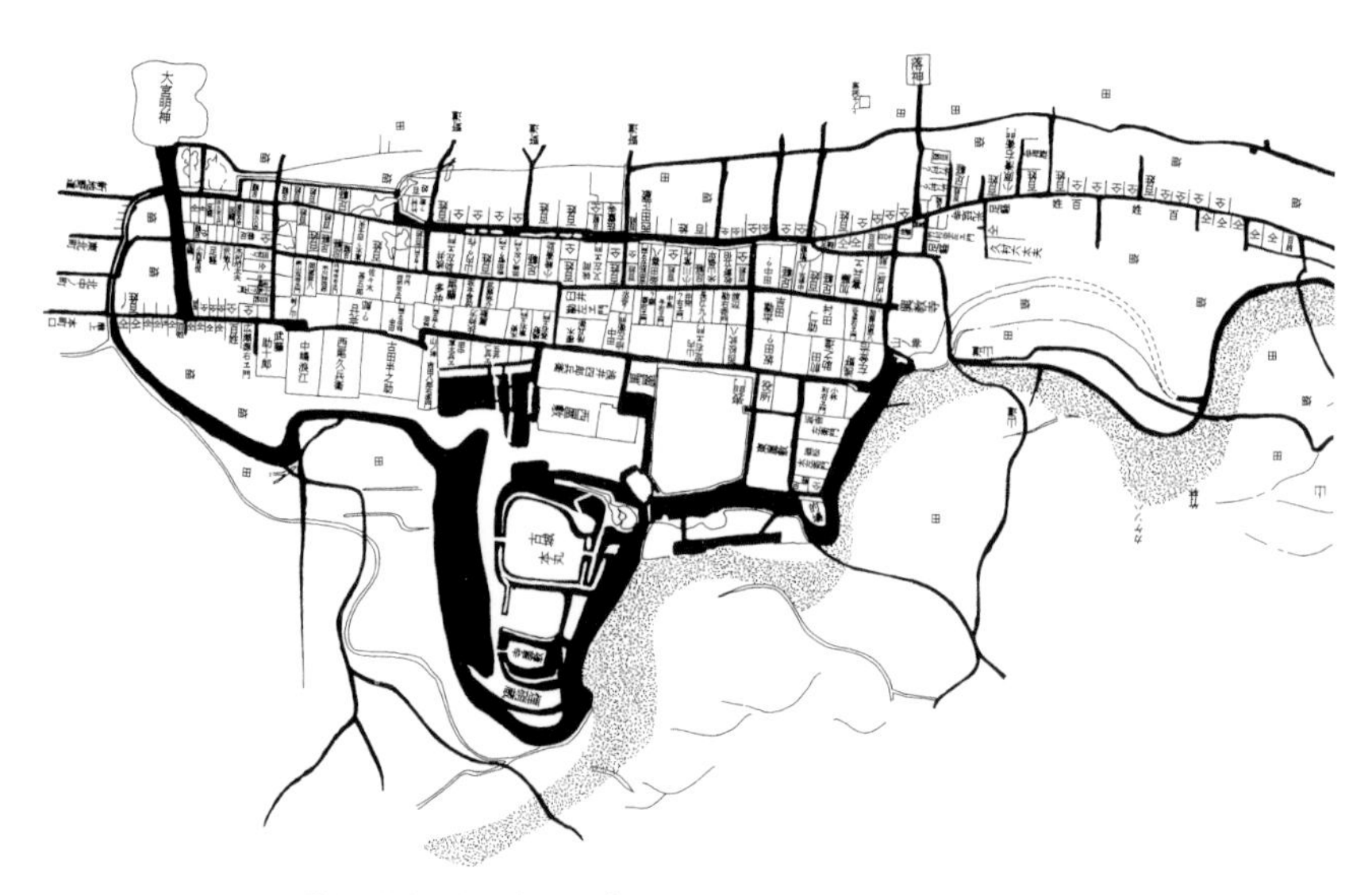

仁正寺陣屋屋敷圖部分（『近江蒲生郡志』巻四より）

仁正寺陣屋一帯空中写真

さて、仁正寺陣屋は、「中野城」の北東隣接地に造られた。

陣屋の建設中は角源右衛門宅を宿所として進められた（『仁政要録』）。その完成時期は不明だが、以後、市橋家は明治に至るまで10代にわたりこの地を治めたのであった。

その間、陣屋の建物は大きな改変は無く、幕末の10代市橋長義の時に至って、初めて建替えが行われたとされる。

なお、当初2万石であった市橋家の石高については、元和8年に2000石、慶安元年（1648）に1000石を一族に分与したことで、1万7000石となっていた。また、藩の名前は、文久2年（1862）に「西大路」と改称されたことから、西大路陣屋とも称された。

幕末の建替えの様子については仁正寺藩医の森嶋柳元（もりしまりゅうげん）の日記である「永代日記」（『高尾家文書』）に詳しく記されている。それによると、工事は嘉永7年（1854）年より始まり、御台所、御役所、御殿、御書院、御姫様御殿の順で行われた。

御台所の普請は、嘉永7年7月より始まり、11月11日より柱立（棟上）が行われている。

その際、「御城内の財木（ママ）、御切出し」あるいは「御古城の財木を以てこれを作る」と記されており、一部の材木を「古城（中野城跡）」から調達している点は興味深いが、樹種等については不明である。

次に行われた御役所の着工日は不明だが、安政2年（1855）9月21日に完成している。その間、役所の機能は、藩校「日新館」を仮の役所として使用していた。

　続いて御殿は、同年9月より工事が始まり、年内に庭や風呂場が完成し、翌3年4月2日には客間の「柱立（棟上）」が行われた。安政4年5月5日には、主要部分が完成したようで、藩主が初めて「新御殿」に入っている。

　御書院は、万延元年（1860）8月19日に柱立が行われ、翌文久元年（1861）5月2日に完成したのであった。

　この際、書院の棟瓦には「菱三ツ餅」の家紋があしらわれており、当初は金色に塗られていた。その出来栄えが良く、一同は喜んだのであるが、その後、幕府に確認した結果認められず、黒く塗りつぶされたというエピソードが残っている。

　なお、文久元年には、それまで使用していた藩邸（以下、「前藩邸」とする）の一部を、市橋家の菩提寺である清源寺の書院及び玄関として移築したほか、法雲寺の本堂の部材として、玄関の破風を移設したと伝わる。

　さて、最後に行われたのは、御姫様御殿であり、文久3年11月4日に棟上が行われ、文久4年2月に完成した。

　これにより、主要な建物の建替えが、完了したのであった。

　なお、これらの建設に関する費用の内、御殿、御書院、御玄関に関する人件費だけでも約800両を要している。また「永代日記」に記録が残る台所、御役所、御姫様御殿などの人件費、材料費を合わせると、藩邸建替え費用の総額は、1000両を超えると考えられる。

　ところが、こうした多額の費用を投じたにもかかわらず、わずか10年後の明治4（1871）7月には廃藩となってしまった。

　よって、「西大路藩」は「西大路県」に変わったが、藩邸は県庁としてそのまま使用された。「西大路県」が、「大津県」に編入されたのちは「大津県庁の西大路出張所」となったが、明治5年3月5日に閉鎖され、役所としての短い役目を終えた。

　翌明治6年5月22日に西大路村は、学校設立の上申をして藩邸の払い下げを願い出た。しかしこれは許されなかったことから、翌年の4月から8月に6度の出願を行った結果、許可されるに至ったのである。これにより、11月に一部払い下げの許可がおりたことから、正式に朝陽学校校舎として再利用されることとなった。

仁正寺陣屋跡

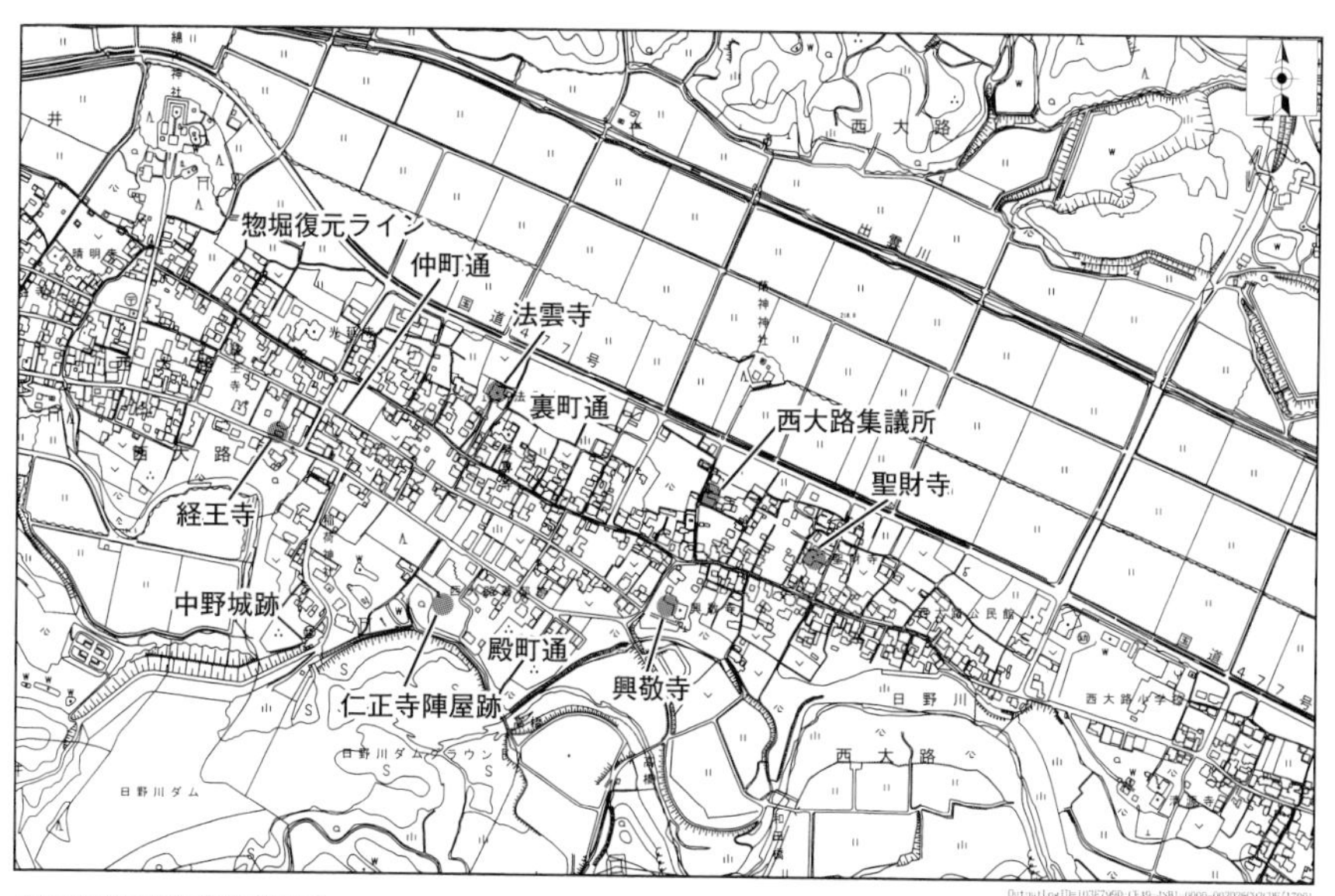

仁正寺陣屋関係遺構位置図

その後も西大路尋常小学校、西大路尋常高等学校の校舎として利用されたのち、新校舎の建設によって、大正2（1913）年3月をもって、学校としての役目を終えたと考えられている。

その後、大正8年までに建物の大部分は、京都の林光院本堂として移築されたのである。

また、御殿の北東隣接地に廊下で繋がっていた勘定部屋は、朝陽学校の段階では小使部屋として使用された。その後、昭和9年以降に現在地に移築され、大字西大路集議所として、また落神神社の社務所や神官の住宅としても使用された。なお、以前は屋根の上に太鼓櫓があったが、移築までに撤去されたと考えられ現存しない。

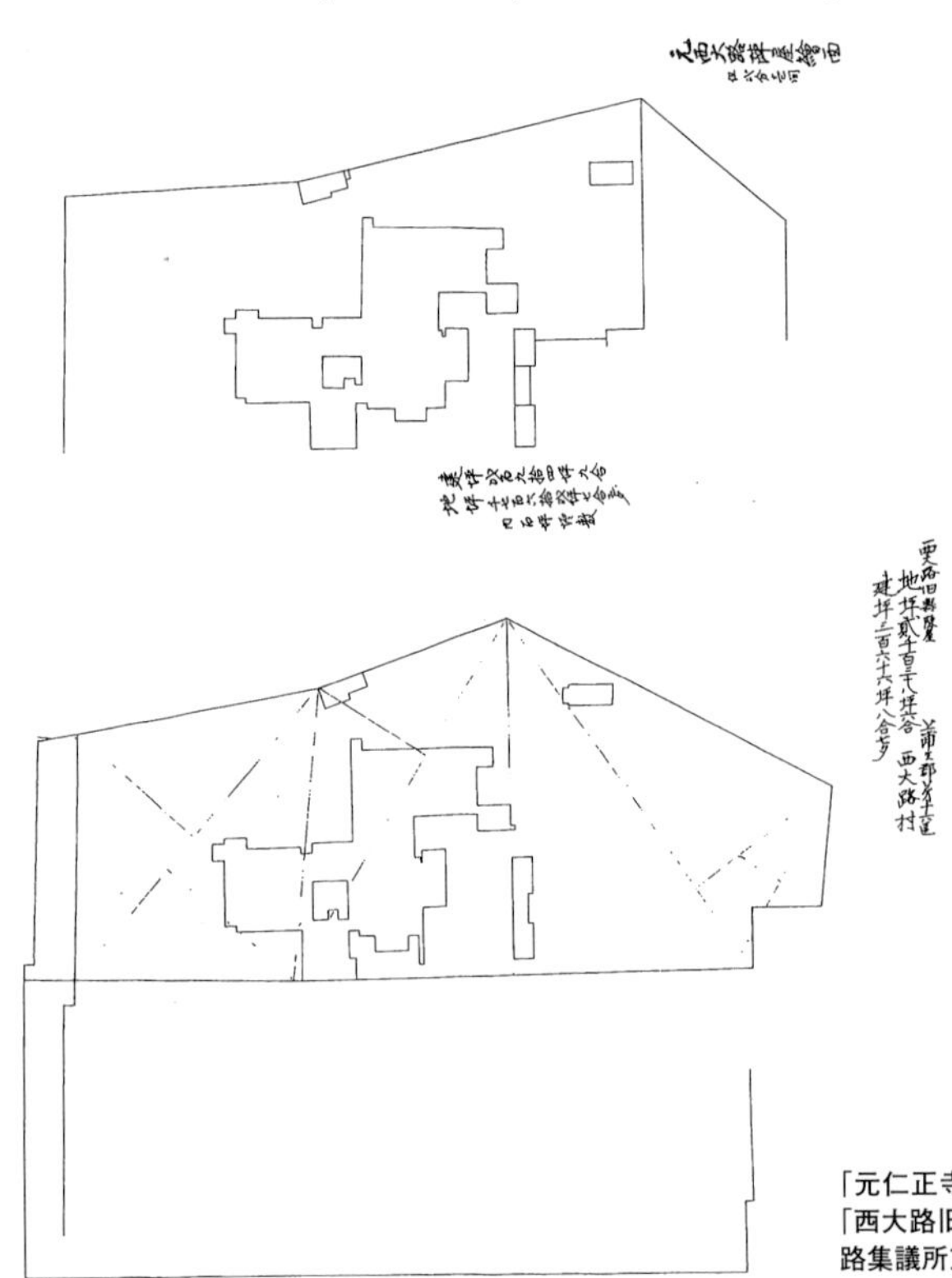

「元仁正寺藩陣繪面」及び「西大路旧縣陣屋図」（西大路集議所文書）

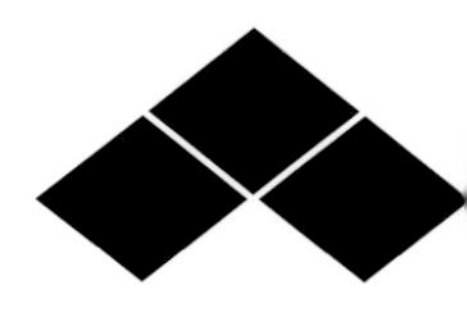

陣屋の構造

陣屋は、仁正寺（文久２年に「西大路」と改称）陣屋あるいは仁正寺屋敷、陣屋、藩邸と呼ばれた。

幕末時点における規模は、東西51間、南北50間で、敷地面積は２１３８坪６合であった。

藩邸は、殿町通と称された東西ルートの南側に、西を大手として門を構え、御台所、御役所、御殿、御書院、御姫様御殿などが建っていた。建坪は３６６坪８合７夕（ママ）あるいは２９４坪９合で、その内、御殿が１５３坪５合を占めた。

「永代日記」によると御殿は、御居間や御客間、御玄関、風呂場などで構成されており、間取り等は、御殿の平面図と考えられる「舊西大路藩主邸宅平面圖（『西大路公民館文書』）」でうかがい知ることが出来る。さらに、その実際の様子は、移築され林光院本堂として現存する建物が参考になる。

林光院本堂は、山門の南側に建ち、棟が東西に長く、西端で北に折れるL字型の建物である。

この内、東部は入母屋造桟瓦葺の建物であり、山門の正面にあたる境内北辺中央に式台玄関が設けられている。

式台玄関を入ると、南北両面に１間の狭屋が設けられた15畳の３室が西側に並び、外面には縁が付属している。

一方、式台玄関より東側の各室には、細かい間取りの改変が見られる他、東端には移築後と考えられる庫裡や内玄関が増設されている。

15畳３室に続く本堂西部は、入母屋造桟瓦葺の建物で、仏間となっている。南北方向に12畳半の３室が並び、その西面および東面の一部に１間の狭屋を設け、その外側に縁が付属している。

３室の内、中央の部屋は西側に突出しており、仏壇が設けられている。さらに北端の１室には床や棚、書院が設けられており、長押を廻している。また、周囲の建具に腰板を襖張とした

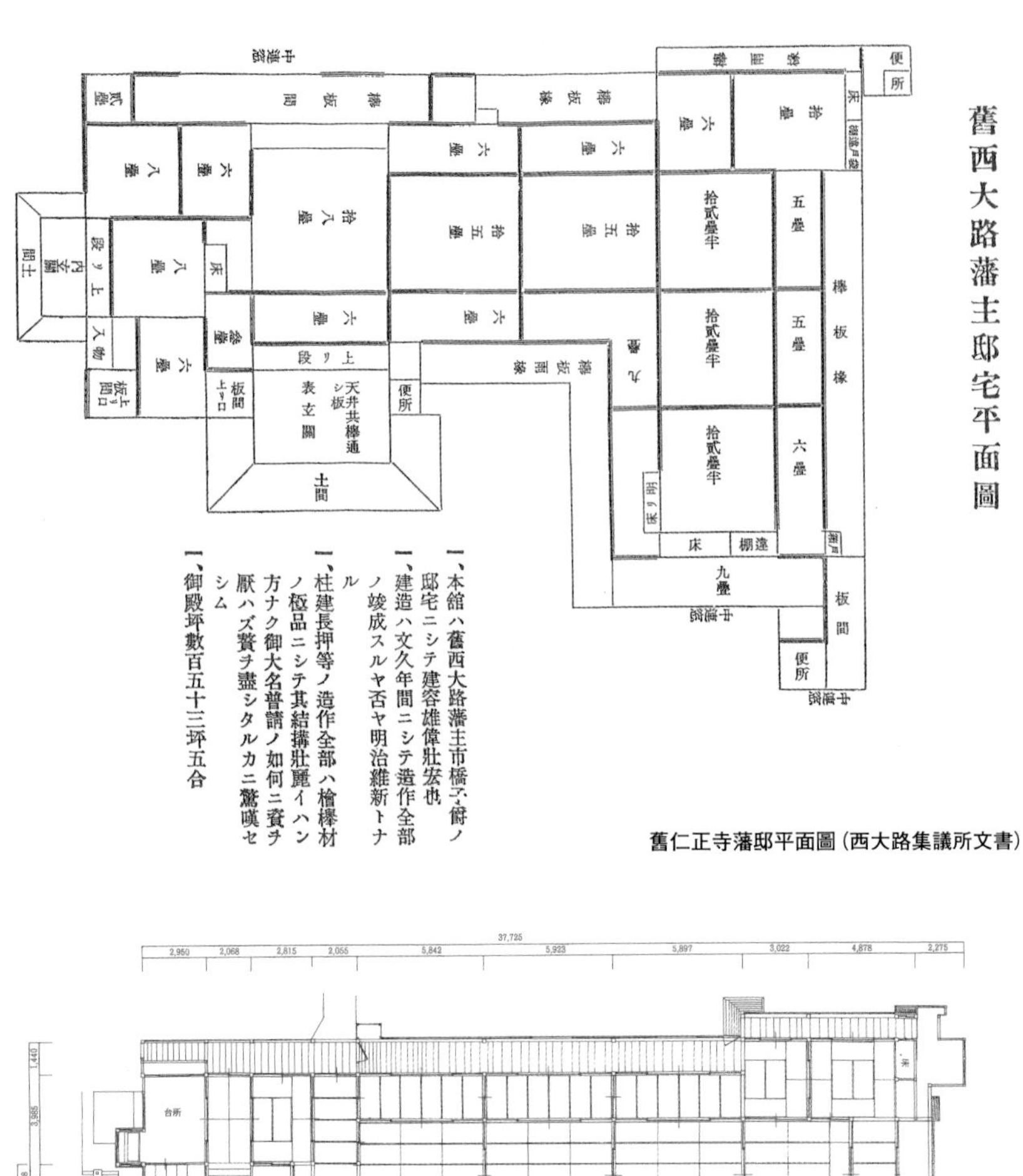

舊仁正寺藩邸平面圖（西大路集議所文書）

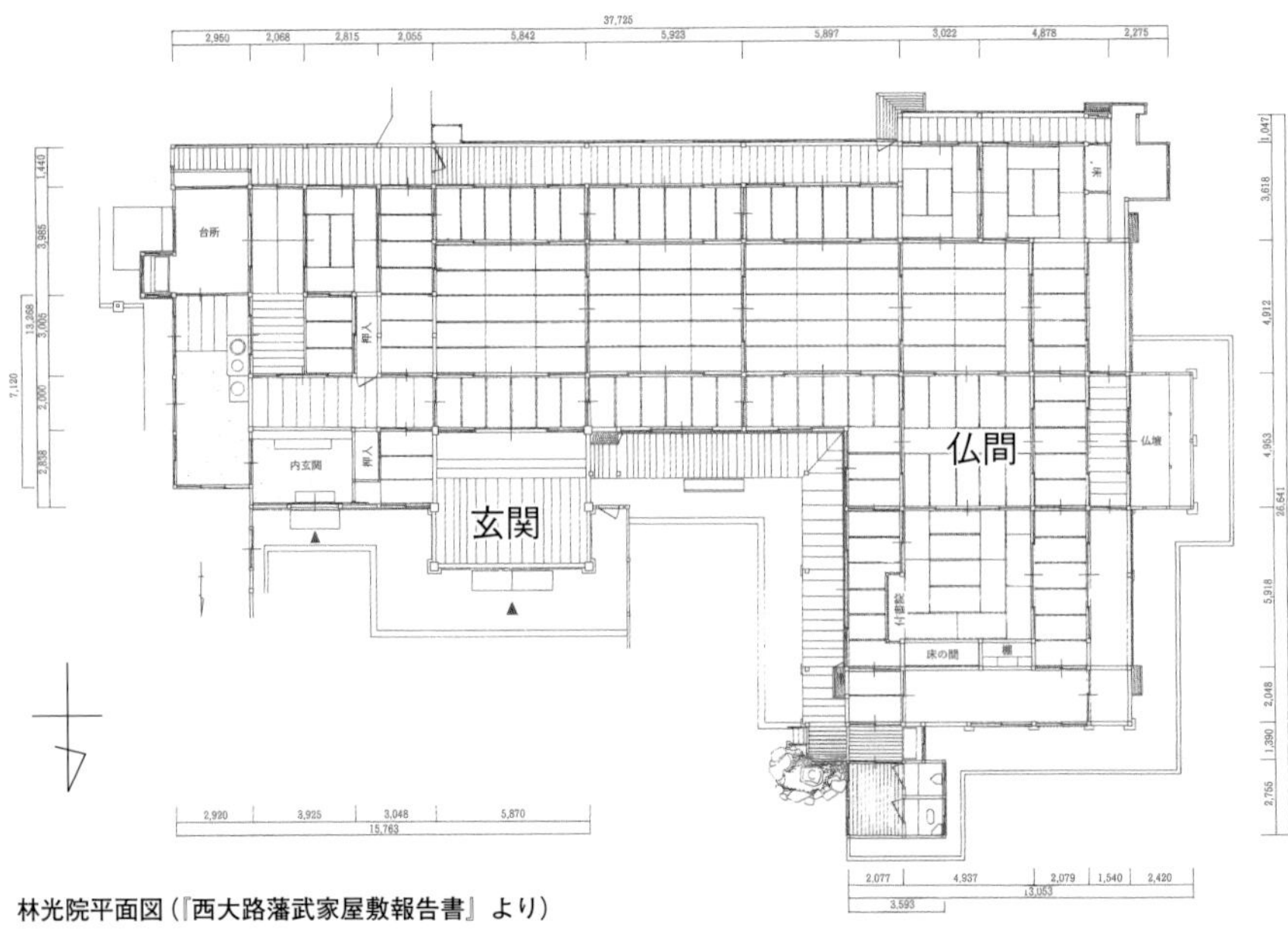

林光院平面図（『西大路藩武家屋敷報告書』より）

腰高障子を使用するなど、格式高い書院造としている。

一方、建物南端は、外側に縁が付属する6畳および8畳間となっている。

以上の様子と、「舊西大路藩主邸宅平面圖（『西大路公民館文書』）」を比較してみると、主に庫裡となっている東端部分と、西側の仏壇部分を除き、御殿時代の間取りをほぼ踏襲していることがわかる。

さらに、各室の襖把手金具や釘隠、桟障子には、市橋家の「菱三ツ餅」や「柊に打ち豆」の家紋があしらわれていることからも、本堂が御殿の移築建物であることがわかる。

なお、寛文8年（1796）に8代市橋長昭が仲町に建てた藩校「日新館」が手狭となったため、明治3年に藩政所の機能を表書院に移し、藩政所部分を増築して、そこに日新館を移転させている（「舊西大路藩學制沿革取調書（滋賀県文書）」）。

これは、中庭を挟み、御殿の東に続いていた建物部分と考えられる。しかし、『新日新館平面図（滋賀県文書）』と、前述の『元仁正寺藩陣繪面」及び「西大路旧縣陣屋図」（西大路集議所

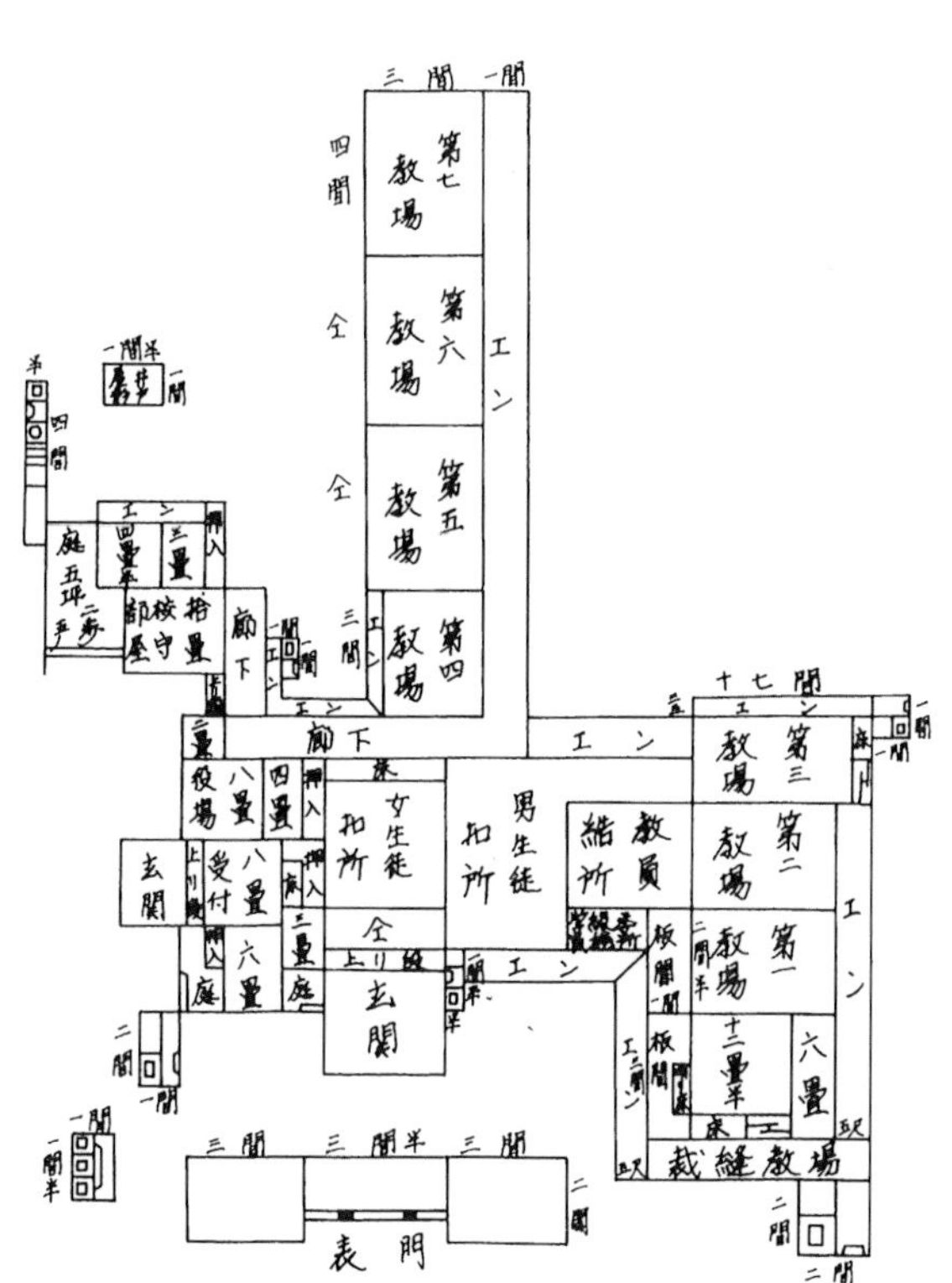

朝陽学校平面図（『西大路藩武家屋敷報告書』より）

文書)』、『朝陽学校平面図(西大路集議所文書)』を比較すると、間取りや平面形がいずれも異なっており、廃藩後も増改築が行われていたと考えられる。

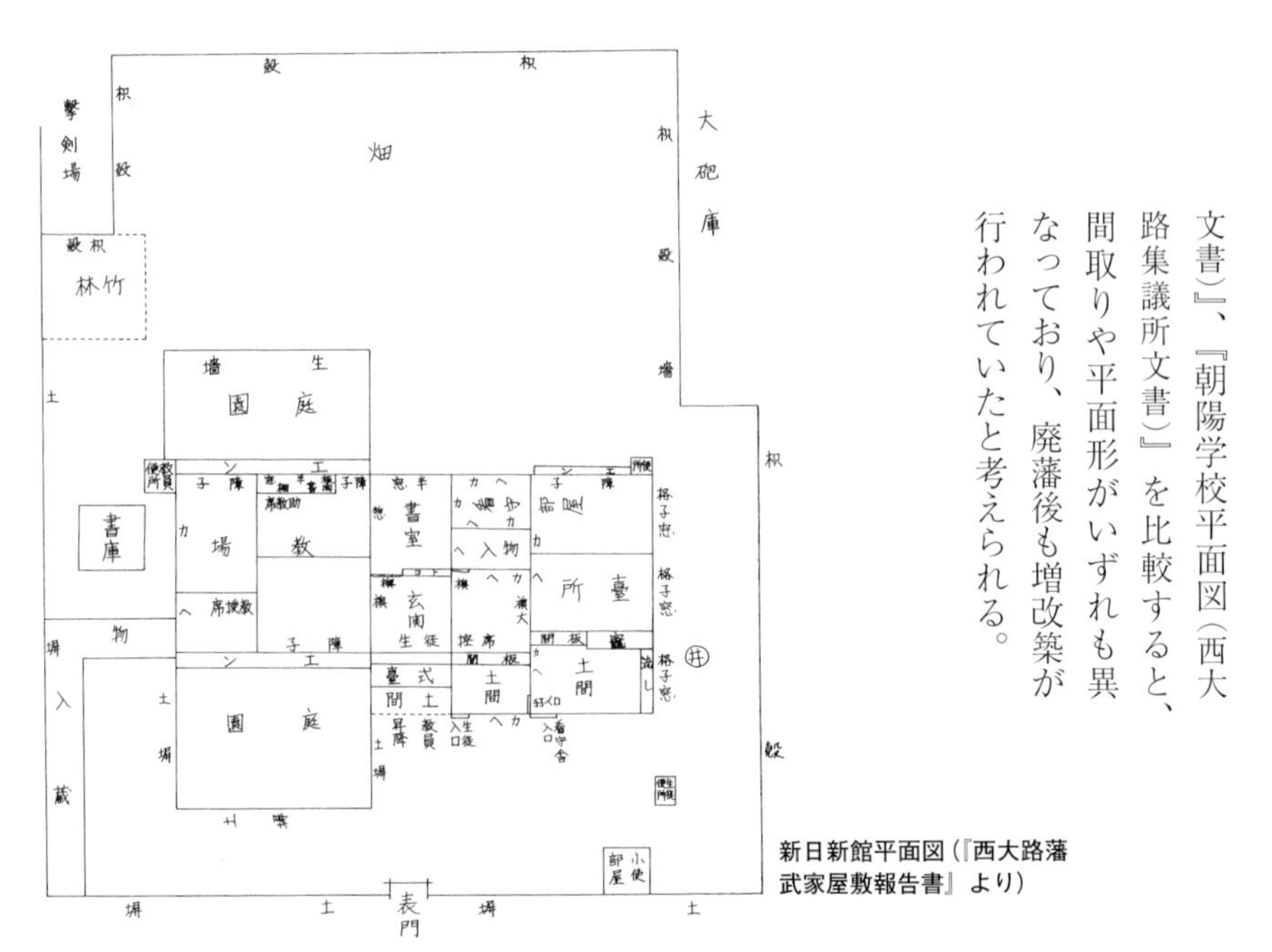

新日新館平面図(『西大路藩武家屋敷報告書』より)

学校段階の御殿玄関付近

林光院本堂外観

西大路小学校当時の御殿

林光院仏間

襖把手金具

林光院玄関

釘隠

林光院狭屋

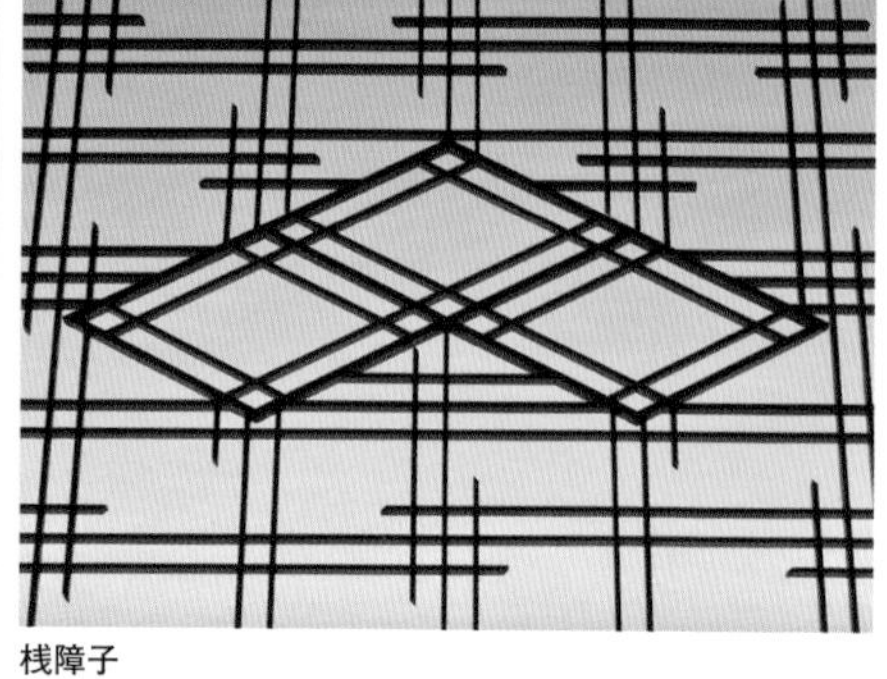

桟障子

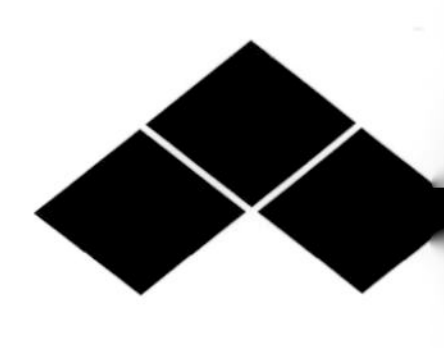

陣屋の遺構と周辺を訪ねて

日野町西大路では、移築された陣屋の遺構や城下の建物の遺構、菩提寺など関係する遺構を各所で見ることが出来る。

西大路集議所（旧勘定部屋）

移築・現存する遺構の代表的なものは、「旧勘定部屋」である。

旧勘定部屋は、御殿北東側に廊下で繋がっていた2階建ての建物で、廃藩後に藩邸が朝陽学校となっていた時期には、用務員室にあたる「小使部屋」として使われた。

その後、明治44年に大字西大路に譲渡され、大正2年に閉校となった後もしばらくは現地に建っていたが、写真でさかのぼることが出来る昭和9年以降に、現在地に移築された。

移築後は現在に至るまで、大字西大路集議所として使われている他、一時は集議所の北方にある落神神社の社務所や、神官の住宅としても使われた。

現在の建物は、入母屋造桟瓦葺2階建で、北側面には昭和20年以降に増築されたと伝えられる土間と、入母屋造桟瓦葺平屋建物が増築されている。従って、旧勘定部屋に相当するのは2階建部分と考えられる。

また、当時2階には太鼓櫓があったと伝えられる。小学校段階の古写真により、2階の屋根上にその存在が確認できるものの、移築以前に撤去されたと考えられ現存しない。

外観上の特徴としては、2階の北面以外の3面の外壁が下見板張となっている他、東面以外の3面に格子が入る点が挙げられる。これについては、移築前の写真では、漆喰塗で西面に格子が入る様子が確認できることから、移築時あるいは移築後の改変であると考えられる。

勘定部屋当時の間取りを踏襲していると考えられる朝陽学校の平面図によると、内部は、御殿から廊下が繋がる1階西側に10畳間があり、その東側に縁が付属する3畳、4畳半の2間が

西大路集議所（旧勘定部屋）

移築前の勘定部屋

配される一方、北側には5坪の庭(土間)が設けられており、その西面が出入り口となっていた。

これに対して現況は、1階の4畳間が3畳に改変され、隣の3畳間と合わせた6畳1間となっている。さらに、土間は裏手に延長された上、元の土間部分には4畳半2間が増設されている。そして、これにより一部の柱位置等も改変されている。

2階内部については、旧状がわかる資料が確認されていないが、柱位置が1階と同様であることから、一部に改変があったと考えられる。

しかしながら、柱や梁等において、当初材と考えられる部材が使用されており、全体的には旧状を良く伝えている。

御殿の背後に写る勘定部屋太鼓櫓部分

西大路集議所屋根裏の様子

聖財寺本堂

聖財寺本堂

聖財寺は、惣堀より北東外側に建つ、浄土真宗本願寺派の寺院である。

寺伝によると、永徳年間に創建された「善正寺」に始まり、乗長が住職の時には織田信長に対抗した石山本願寺の籠城に参加したとされる。のち、寛文年間に「聖財寺」という名に改められた。

現在の本堂は、陣屋の部材を転用し建立されたと伝わる。

一方、同寺の『弘化元年過去帳』によると、それとは別に、「中野城内ノ建物ヲ以テ當寺ノ本堂ニ修繕造営シタル　元禄三歳ヨリ明治四十二年マデ二百二十年ナリ」とあり、中野城に関わる建物の移築とも伝えている。

外陣廻りの角柱に、不要なほぞ穴などが残る部材があることから、転用材を使用していることは確かであるが、陣屋あるいは中野城の建物の部材であったか否かについては、不明である。

法雲寺本堂

法雲寺は、惣堀の北辺中央より外側に建つ浄土宗寺院である。

寺伝によると、天正12年（1584）3月に死去した蒲生賢秀を、子の忠三郎（のちの氏郷）が廟堂を建立し弔ったことに始まるとされる。

当初は、武家居住地の東端（興敬寺付近）の「櫻之馬場」にあったが、元和6年の陣屋建設に伴い、賢秀の墓所とともに現在地に移転したとされる。

また、境内には蒲生賢秀の墓所とともに、市橋長政の外孫にあたり、2代目の後嗣をめぐる

法雲寺本堂

騒動の中で廃嫡された市橋利政の墓所も残っている。

さて、「永代日記」によると、万延元年（1860）6月、「御古御殿御玄関ノハフ　右故法雲寺江被下申也」とあり、「古御殿」、つまり建替え前の御殿玄関の破風部分が、法雲寺へ転用されたことが記されている。『近江蒲生郡志』巻七には、「安政6年（1859）11月13日付」の本堂再建棟札が紹介されていることから、再建と部材の移築年代には矛盾が無いことがわかる。

実際には、どのように使用されているのか不明であり、単体での評価は難しいが、林光院の玄関破風との新旧破風の比較資料としてみると興味深い。

蒲生賢秀（左）・市橋利政（右）墓所

清源寺書院（前仁正寺藩邸客間・玄関）

清源寺は、陣屋の東方約700mの東西ルート南側に建つ臨済宗永源寺派の寺院である。

境内の東側に本堂が建ち、その北側に書院や庫裏が軒を連ねている。また、境内南西には寛政元年（1789）に建立された鐘楼が建つ。

寺伝等によると清源寺は、戦国時代に蒲生定秀が築いた別邸「桂林亭」に始まるとされる。

天正9年（1581）に定秀が没すると、跡を継いだ賢秀は、「桂林亭」を「桂林庵」と改め、亡父の位牌を安置するとともに、妙心寺派の別宗を招き寺院としたのであった。天正12年頃、別宗が死去すると、福島入道天要が跡を継ぎ、蒲生氏が伊勢へ国替えとなった後は、文禄・慶長

清源寺本堂

年間には尼僧の月江、さらに円覚寺派の僧を経て、市橋長政の入封後は菩提寺として修理が行われた。

その後、元禄8年（1695）、3代信直の時に永源寺の香山禅桂を招いて住持とし、宝永元年（1704）に臨済宗永源寺派の「清源寺」として改められた。

宝暦4年（1754）、5代直挙は旧本堂を庫裏として移し、現在の本堂を建立したとされる。

幕末の藩邸建替えの際には、前述のとおり、文久元年（1861）に、それまで使用していた藩邸の一部を清源寺の書院として移築したと伝わる。

清源寺書院は、本堂の北側に建つ切妻造桟瓦葺平屋建の建物である。内部の間取りは、中央の廊下の東側に、北から6畳、8畳、6畳、6畳間の4部屋を設け、西側には、北から8畳と6間が設けられている。廊下の南端は板の間で、その東には増築された物置と便所、西側には6畳間と式台からなる玄関が設けられている。

この内、前藩邸のものと考えられる「西大路藩邸絵図」（『西大路公民館文書』）等から、移築されたのは、前藩邸の8畳と6畳の客間と、御内の玄関及び式

清源寺書院

台部分と考えられる。

これに該当するのは、清源寺書院の廊下東側に設けられた部屋の内、北の6畳間を除く、8畳、6畳、6畳間と玄関部分であると考えられる。そして、それを示すように、書院の各部屋には、市橋家の「菱三ツ餅紋」があしらわれた釘隠を見ることが出来る。

このように、清源寺書院は、前藩邸の建物遺構として評価できると同時に、聖財寺と同様、林光院に移築された建物との比較検討資料として評価できる。

ただし、書院として再建される段階で、新たに複数の部屋を加えたうえで一つの棟として建立されていることから、外観などについては、前藩邸の時代とは大きく異なっていると考えられる。

清源寺書院平面図（移築後）
（『西大路藩武家屋敷報告書』より）

西大路藩邸絵図（移築前）
（『西大路藩武家屋敷報告書』より）

＝移築と考えられる部分

なお、現在、清源寺には蒲生定秀の位牌や市橋長利、長勝をはじめとする一族の位牌、市橋長勝や歴代藩主の肖像画や木像、藩校「日新館」の校名扁額のほか、『仁政要録』『仁政武鑑』等の記録類も伝えられている。

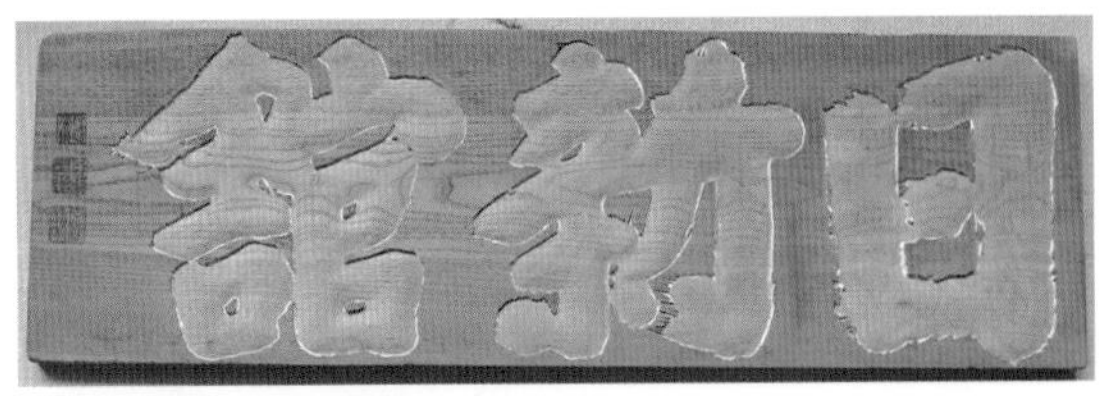

藩校「日新館」の校名扁額

書院の長押に残る「菱三ツ餅紋」の釘隠

書院内部の様子

市橋家墓所（滋賀県指定史跡）

市橋家の墓所は、国許の清源寺のほか、江戸の南泉寺や瑞輪寺、東禅寺に営まれていた。

この内、江戸の墓所は関東大震災や空襲等の被害を受けており、その後の寺自体の移転を含め、当初の位置と異なるなど、改変が多くみられる。

一方、清源寺には、国許で死去した3代藩主「信直」、6代藩主「長璉（ながてる）」、8代藩主「長発（ながはる）」の藩主墓と9代藩主長富の室「貞良院」の墓所が、造営当初と考えられる場所に残っている他、16基の一族墓や、300基と言われる家臣団の墓所が残る。

この内、3基の藩主墓が造られたのは境内南部で、周辺より20～30㎝ほど高い場所である。玉垣等は無いが、周囲に人頭大の石を1～3段積むことで墓域を明確にしている。

さらに、日野町教育委員会による試掘調査では、砂地である微高地上に、境内外から持ち込まれた黄褐色のきめ細かい砂を、厚さ5㎝程突き固め、整地が行われたことがわかっている。試掘範囲が限られているために、藩主墓域全体にこの整地が行われていたかは不明であるが、最も古い3代藩主墓付近で行われていたことは明らかである。

3基の藩主墓は、いずれも1辺約3・4ｍの方形で、花崗岩製の切石で囲んだ台石基壇を造り、その上に花崗岩製の基壇と砂岩製の宝篋印塔を据える点は共通である。

一方、細部の特徴は異なっており、特に台石基壇の床面は三者三様である。3代墓の床面は

手前より3代藩主信直、6代藩主長璉、8代藩主長発の墓所

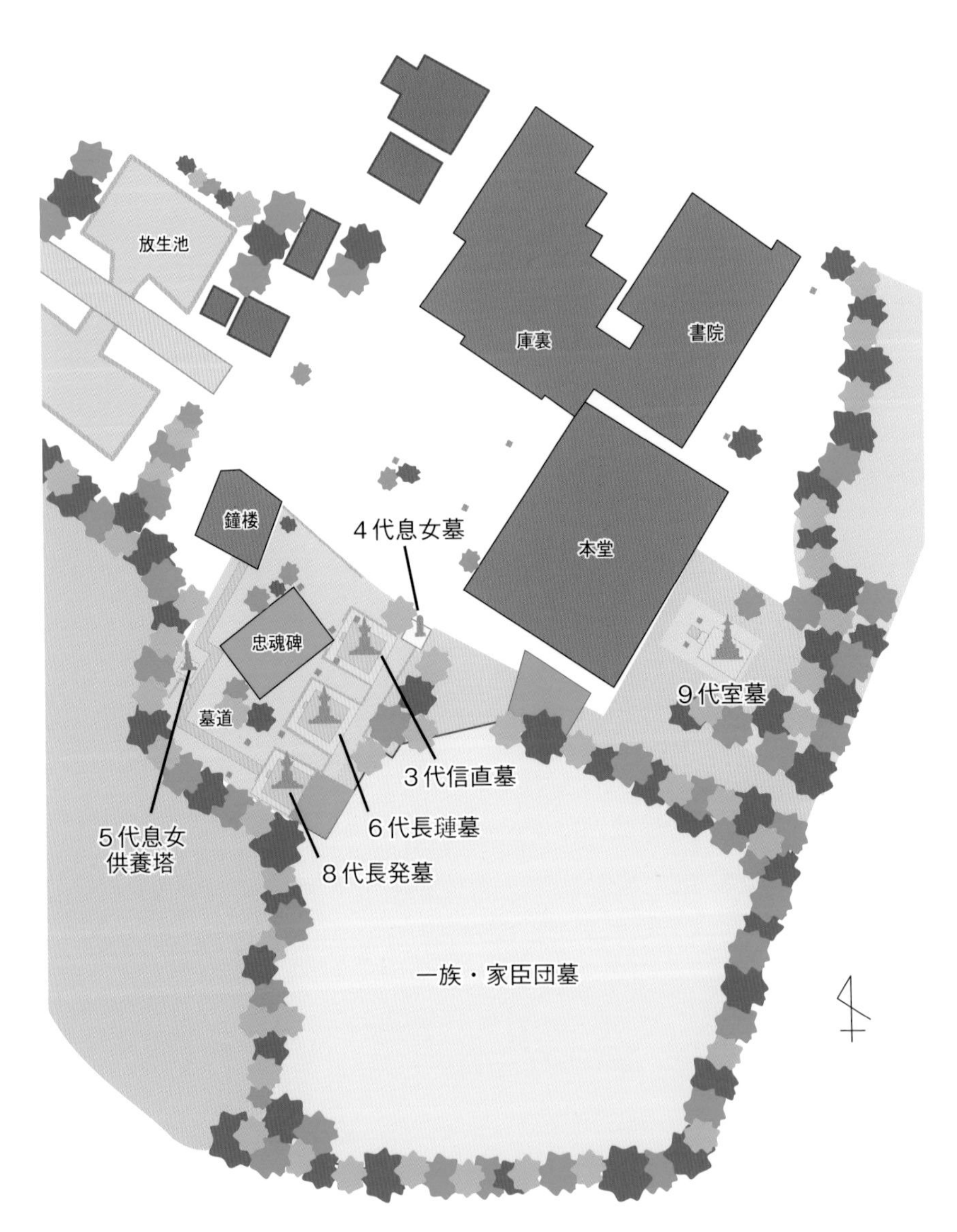

清源寺境内見取図（清源寺「市橋家墓所」パンフレットに加筆）

切石敷となっているが、6代墓は約25㎝四方の方磚が縁石に平行に敷かれる。一方、8代墓は同じく方磚を敷くが、斜め方向に方磚と三角磚を並べた四半敷きと異なっている。

さて、台石基壇上に建つ石造宝篋印塔は、基壇を含めた高さが、それぞれ235、242、249㎝と若干異なるものの、その形式は同じ特徴を持っている。

それは、近江の地方色がうかがえるものの江戸系の宝篋印塔を採用している点であり、近江に残る他の藩主墓には見られない特徴となっている。

これは、元和6年に江戸の瑞輪寺に造立された市橋長勝墓に起因していると考えられる。

なぜなら、江戸の南泉寺や瑞輪寺に残る長勝以降の藩主墓や室墓の多くが、いわゆる「江戸系の宝篋印塔」で統一されているからである。

なお、3代信直墓の宝篋印塔の基礎正面中央には、戒名の「永昌院殿総州太守俊山玄英大居士」、その右に没年の「享保五庚子年」、左に没月日の「二月二十六日」が陰刻される。

また、塔身正面には「卍（反対字）」、側面中央には「信直公」、その左に「享年六十五」と陰刻されている。この内、側面のものは、他の陰刻部分と書体が異なり、後世の追刻と思われる。

6代長璉墓の基礎正面中央には戒名の「嶺雲院殿前豆州太守徹翁浄閑大居士」、その右に没年の「天明五乙巳年」、左に没月日の「十月　四日」と陰刻される。

長勝の墓塔（瑞輪寺）

3代信直の墓塔

6代長璉の墓塔

8代長発の墓塔

また、塔身正面には「卍（反対字）」が、側面中央の「長璉公」と陰刻され、その左側に3代墓と同様に異なる書体で、「享年五十三」が追刻される。

8代長発墓の基礎正面中央には、戒名「大乗院殿前豆州太守海光宗印大居士」、その右に没年「文政四辛巳」、左に没月日「九月二十四日」と陰刻される。

また、塔身正面には「卍」が、側面中央には3代や6代墓と同様に、他の陰刻と異なる書体で「長發公」と、左手に「享年十七」と陰刻されている。

ところで、それぞれの台石基壇上には昭和20年代末頃まで、宝形造瓦葺の「御霊家（御霊屋）」が建っていた。その存在については、複数の人々の記憶や会議録、地誌、縁石のほぞ穴などから明らかであるが、腐朽により解体され現存しない。

さらに、昭和33年に西大路地区の忠魂碑を移設するまでは、各墓所から西方に直線的に延びる墓道があったが、現存しているのは8代長発墓のみとなっている。

また、この藩主墓域には、その他にも墓石と供養塔が残っている。一つは、3代信直墓の北東にある4代直方息女の墓所であり、もう一つは忠魂碑の西にある5代直挙息女の供養塔である。藩主を除く市橋家の一族や家臣団の墓所は、藩主墓と区域を分けた東側に営まれていることから、これら息女の墓石や供養碑は、後世に移設された可能性が高い。

一方、藩主墓の墓域と異なり、

本堂の裏手に1基のみ造営されたものが、9代藩主市橋長富室「貞良院」の墓所である。

台石基壇は、3・1×4・0mの方形で、花崗岩製の切石を2段積む形で造られている。その床面は、いずれの藩主墓と異なり様々な形の石敷となっている。そこに花崗岩製の切石で3段の基壇を築き、その上に宝塔を据えており、その高さは166・3cmである。

9代長富室「貞良院」墓所

特徴的なのは、軸部の形状であり、一般的な宝塔が円筒形であるのに対して、この軸部は直方体となっていることである。

その軸部正面には、戒名の「貞良院殿温室智謙大師」、背面には他の陰刻と異なる書体で「市橋長富室墓　行年五十二歳」とあり、藩主墓と同様に追刻と考えられる。

石敷の墓道も独特であり、幅は約1mだが、長さは約1・3mと極端に短い。

さらに、御霊屋が建てられた記録や痕跡が無いことも藩主墓と異なる特徴である。

このほか境内には、一部を除き当初の位置から移動はあるものの、奉献された石燈籠18基が残っており、藩主墓や室墓とともに、平成29年3月23日に滋賀県指定史跡「仁正寺藩市橋家墓所および奉献石燈籠」として指定された。

4代息女墓塔

5代息女供養塔

初代長政奉献石灯籠

市橋信直像（清源寺蔵）

市橋長璉像（清源寺蔵）

市橋長発像（清源寺蔵）

市橋長富像（清源寺蔵）

武家屋敷

蒲生氏が設けたと考えられる惣堀の内側には、市橋長政の入封により、仁正寺藩の武家居住地が設けられた。

その中を、南の「殿町通」と北の「仲町通」という2筋の東西ルートが通っており、のちに北辺の惣堀が徐々に埋め立てられて「裏町通」が追加された。

陣屋が建てられた「殿町通」沿いには、主に上級藩士（100〜700石）の屋敷が配されたが、建て替えが進み、現存するのは、1棟（250石）のみである。なお、経王寺の西にあった惣門より外側には、商人や職人、農家住宅が数棟残る。

仲町通沿いには、主に中・下級藩士（5〜15石）の屋敷が配されたが、建て替えが進み現存するのは6棟のみである。

また、仲町通には5ケ所に木戸が設けられ、東端にあった興敬寺門前北詰の木戸が、殿町通の経王寺に移築されている。

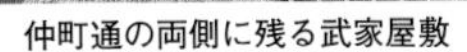

仲町通の両側に残る武家屋敷

経王寺山門（旧興敬寺門前北詰木戸）

「市橋家系譜（渡辺家文書）」等によると、武家居住地には東西方向に結ぶ本町通と仲町通の二筋の道があり、各所に門や木戸が設けられていたと記される。

経王寺山門

木戸は、定刻に開閉され城下を厳重に管理していた。

興敬寺門前北詰木戸は、廃藩後に移築された木戸では唯一現存するもので、経王寺の山門として使用されている。

瓦葺の薬医門であり、棟には市橋家の「菱三ツ餅」紋をあしらった瓦が見られる。

なお、現存しないが、木戸として使われていた当時は、片開きの格子戸の門扉があったとされる。

蒲生氏と市橋氏ゆかりの興敬寺

文永11年（1274）、京都五条西洞院で創建された興性寺が、南大窪（日野町）に移転し、興敬寺と正崇寺に分かれたとされる初期真宗寺院である。

16世紀、日野牧五ヶ寺（興敬寺・正崇寺・本誓寺・明性寺・照光寺）は、信長と石山本願寺の11年にわたる石山合戦において、石山本願寺に信徒らを従軍（興敬寺住職の木津砦での大将役など）させたり、軍資金・兵糧を送り援助していた。

この際取り交わした本願寺坊官下間氏との書状が複数残されており、興敬寺文書として滋賀県指定文化財となっている。

なお、蒲生氏との関係は良好で、本能寺の変後には、本願寺より蒲生氏との連絡役を興敬寺に依頼した書状が残っている。

また、境内の東から北辺部にかけて、蒲生氏段階の中野城の外郭東端部の土塁や惣堀跡と考えられる遺構が現存する。

さらに、市橋氏が貞享年間（1684～1688）に寄進した山門が残っており、庶民が蟇股の家紋にいちいち礼をする姿を見た藩主が、負担軽減のため、蟇股の家紋を削り落としたという言い伝えが残る。

興敬寺山門

中野城の土塁北東隅に建つ凉橋神社

市橋氏建立の凉橋神社と稲荷神社

中野城の北東隅にあたる土塁上には、六孫王経基を御祭神とする「凉橋神社（りょうきょうじんじゃ）」が建っている。この神社は享保6年（1721）に、4代藩主直方が祖先を祀り、氏神として建立したとされる。

一方、それとは別に、2代藩主市橋政信の跡継ぎをめぐり、毒殺された政信の長男「政房」の怨霊を鎮める為に建立されたとも伝わる。

なお、政信の継嗣は政房の急死により、4男政勝が嫡子となるが、病弱を理由に廃嫡され、一門の利政（墓所は法雲寺）が養嗣子となった。しかし、利政も病弱を理由に廃嫡されるという混乱の末、旗本市橋政直（2代政信の弟）の長男信直が養嗣子となったのであった。

また、土塁北部に建つ稲荷神社は、元禄14年（1701）11月に、2代藩主正信が伏見稲荷から勧請したと伝わる。

それを示すように、各所に「菱三ツ餅」の家紋が意匠として用いられている様子を見ることが出来る。

中野城の土塁北部に建つ稲荷神社

ご当地案内

仁正寺藩陣屋跡▼蒲生郡日野町西大路

近江鉄道日野駅からバスで日野川ダム口下車徒歩3分。駅前にレンタサイクルあり、約5㎞。車の場合、名神八日市ＩＣ、蒲生スマートＩＣ、または新名神甲賀土山ＩＣからいずれも約20分。日野川ダム公園に駐車場あり。

周辺散策

中野城跡▼蒲生郡日野町西大路

日野城とも言われ、蒲生氏の本拠地であった。天正12年蒲生氏郷が伊勢松ヶ島へ国替えとなり廃城となった。現在はダム北畔に土塁や堀、本丸の一部のみ残されている。

馬見岡綿向神社▼蒲生郡日野町村井

綿向山山頂に祠を設け、天穂日命を祀ったことに始まるとされ、平安時代初期に現在地に里宮として社殿が造営されたと伝えられる。中近世には蒲生氏や市橋氏、日野商人に崇拝された。市橋家では代替わりごとに絵馬を奉納したと伝わり、境内北西に建つ絵馬殿には、市橋大膳が奉納した矢竹の額が残る。本殿および絵馬殿に奉献された祭礼渡御図絵馬が滋賀県指定文化財となっている。

近江日野商人ふるさと館「旧山中正吉邸」▼蒲生郡日野町西大路

静岡県富士宮市で醸造業を営んでいた日野商人の本宅で、日野町指定文化財となっている。初代正吉が万延元年（1860）に仁正寺藩から建物と土地を拝領しており、新座敷庭園内には、市橋家ゆかりと伝わる槙の木が植えられているなど、市橋家との関りも深い。ちなみに、仁正寺陣屋跡に建つ記念碑は地元の依頼により正吉が建立したもの。

▼休館日／月・火（祝日の場合は水）・年末年始。

日野まちかど感応館（旧正野玄三薬店・日野町観光協会）▼蒲生郡日野町村井

「萬病感應丸」の大きな看板が掲げられた店舗と蔵が国の登録有形文化財となっており、薬業の資料などが展示されている。日野散策の観光案内の拠点。休憩、食事、買い物等もできる。レンタサイクルあり。

▼休館日／月（祝日の場合は翌日）・年末年始。

近江日野商人館（旧山中兵右衛門邸）▼蒲生郡日野町大窪

静岡県御殿場市で商売を行っていた日野商人の本宅で、国の登録有形文化財となっている。行商品や道中具、家訓などが展示されている。

▼休館日／月・火（祝日の場合は水）・年末年始。

信楽院▼蒲生郡日野町村井

蒲生家の菩提寺で安土・桃山時代に現在地に移されたと伝わる。本堂は滋賀県指定文化財であり、堂内の天井画「雲竜図」は日野出身の高田敬輔作。

市橋大膳奉納額

第3章 宮川藩陣屋

宮川領
伊香郡
東浅井郡
坂田郡
美濃
揖斐
不破郡
片岡村
杉野村
虎姫村
七尾村
伊吹村
春照村
柏原村
大原村
神田村
米原町
長濱町

陣屋の歴史

宮川藩主堀田氏の来歴

宮川藩の陣屋が存在したのは、近江国坂田郡宮川村（滋賀県長浜市宮司町）である。藩主は堀田氏で9代170年余りの歴史がある。その堀田氏は尾張国中島郡堀田村（愛知県稲沢市堀田町）出身で、堀田正吉は織田信長・浅野長政・小早川秀秋らに従い、秀秋没後に徳川家康に仕え、江戸幕府では譜代大名となった。また、大坂の陣で戦功を上げ、その子・正盛も下総国（しもうさのくに）佐倉藩15万石の藩主として、また家光の「六人衆」として幕府中枢で老中も務めたが、家光の死にともない殉死している。

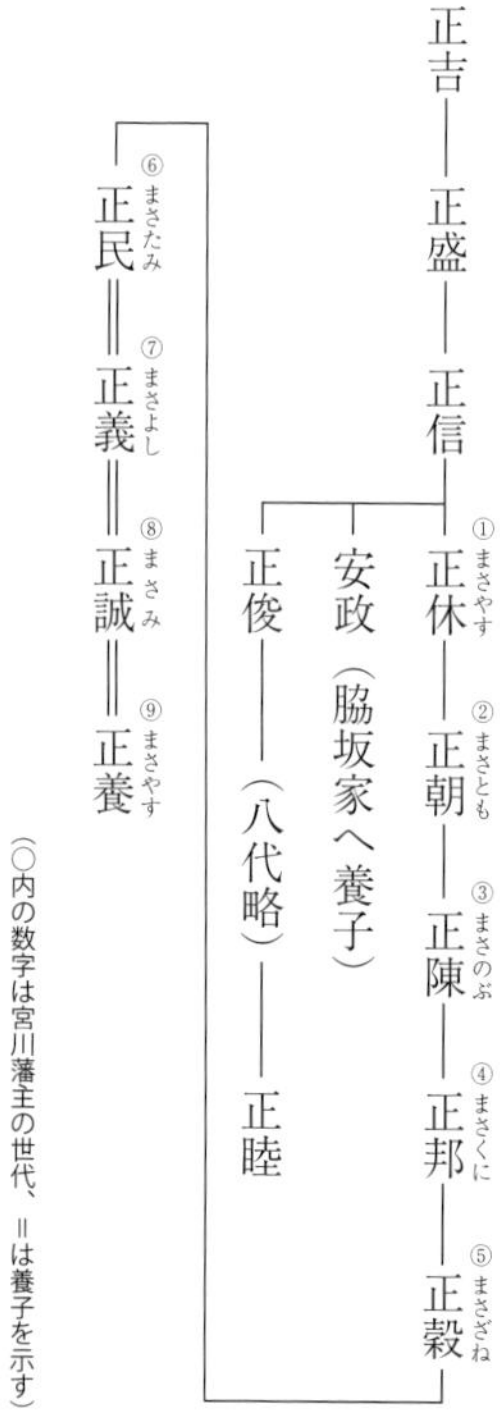

正吉―正盛―正信―①正休（まさやす）―②正朝（まさとも）―③正陳（まさのぶ）―④正邦（まさくに）―⑤正穀（まささね）―⑥正民（まさたみ）＝⑦正義（まさよし）＝⑧正誠（まさみ）＝⑨正養（まさやす）

正信―安政（脇坂家へ養子）

正信―正俊―（八代略）―正睦

（○内の数字は宮川藩主の世代、＝は養子を示す）

堀田氏系図

正盛の子の正信時代に、芝居などで有名な佐倉惣五郎の将軍直訴（じきそ）事件が起きる。この事件の実情は明確ではないが、堀田氏による年貢増徴に対して、惣五郎以下の名主（なぬし）たちが決起して、藩主の江戸藩邸まで押しかけ、藩主に出訴したのが真相と見られている。彼らの代表であった惣五郎は強訴のかどで処刑された。正保元年（1644）のこととされる。

その後、正信は万治3年（1

660）、4代将軍家綱の幕政で、その中枢にあった保科正之・松平信綱と対立、「領地を返上する」と言い放ち、保科正之への批判も認めて領地の佐倉に帰ってしまった。幕府は正信の行動を「狂気の沙汰」と断じ、この事件は惣五郎の祟りとも噂されたが、実際は惣五郎の事件とは直接関係はない。佐倉藩は廃藩となり、正信はその実弟である脇坂安政が藩主を務める信濃国飯田藩等に預けられた。延宝8年（1680）に預け替え先の阿波国徳島で徳川家綱に殉死している。

宮川藩の成立と領地

正信は失脚したが、子の正休には1万俵の扶持が与えられて、家の相続は認められた。さらに正信死後、正休は上野国吉井藩（群馬県高崎市吉井町）1万石の藩主に取りたてられ、元禄11年（1698）に近江国坂田郡宮川村へ移封となり宮川藩が成立した。「宮川」という地名は、明治7年（1874）に宮川村と、西隣の下司村が合併して「宮司」となったので、現在消滅している。現在の宮司東町が旧宮川村で、宮司西町が下司村となる。

最後の藩主・堀田正養の肖像写真（満立寺蔵）

歴代の宮川藩主は、大番頭

百間堤（大津市大物）

に任じられることが多く、3代目の正陣（まさのぶ）は若年寄（わかどしより）を務め、近江国野洲郡・滋賀郡内において3000石の加増を受けている。その正陣以降の領地は、陣屋があった宮川村を含む坂田郡16ケ村で6000石弱、そして甲賀・蒲生・愛知・滋賀・野洲郡の内で、3~5ケ村ずつ各郡1000石~2000石程度の所領があり、合計で1万3000石余りであった。このように、近江国全域に散在して所領を得ていた。

　宮川藩主の堀田氏は、幕府の要職を務めたので、参勤交代をしない「定府（じょうふ）大名」で、陣屋がある宮川村にはほとんど行くことがなかった。歴代藩主の内、宮川村を訪れたことが分かるのは、二代目の正朝と、最後の藩主の正養（まさやす）のみである。正養については後述するが、正朝については地元に記録が残り、享保4年（1719）の訪問であったことが知られる。

なお、老中主座として黒船来航以来の外交に尽力した堀田正睦は、正信の弟・正俊から出た分家に当たる。この分家は、正俊から4代後の正亮の時の延享3年（1746）、先祖の地である佐倉で藩主となり6代続いているが、正睦はその5代目に当たる。

歴代の宮川藩主には文人が多い。特に5代正穀は、『寛政重修諸家譜』編纂の副総裁を務め、能書家として知られる。その子・6代正民は絵師として著名で、おそらく訪れたことがない宮川村周辺の村々にも、その作品が多く残っている。また、正民弟で遠江国掛川藩主の太田資始も能書家として知られ、文政元年（1818）に建立された「長浜八幡宮碑」の碑文を書いている。

宮川藩の治世

宮川藩170年余りの治世の中では様々な出来事があった。今もその足跡が、史跡として現存するものは以下の二つである。一つは、大津市大物に残る百間堤。宮川藩領であった滋賀郡大物村は、嘉永5年（1852）の大雨により、四ツ子川の氾濫の被害を受けた。当時の藩主は8代目の正誠であったが、領民の要望を受けて、宮川藩は治水工事として「百間堤」を建造した。総坪数860坪、1万3334人が動員される大事業であった。安政5年（1858）まで5年8ヶ月を要して建造されている。現在も長さ約200m、天端幅約18m、高さ5・5～9mに及び、一辺1mに及ぼうかという巨石を多数使った巨大堤防が、比良山の麓に村を守るように残存している。

もう一つは、蒲生郡日野町迫の五社神社である。宮川藩領であった蒲生郡上迫村（日野町迫）は、東海道土山宿の助郷の負担に悩んでいた。そこで、享和年中（1801～04）に宮川藩主の第5代堀田正穀に減免を訴えたところ、正穀から道中奉行石川忠房へ要請がなされ、減免がなったと言われる。現在も迫神社内に建つ五社神社は、堀田正穀や石川忠房ほか3人の関係者を祭神として祀る。このように、宮川藩の足跡は、その所領だった村々にわずかながら残っている。

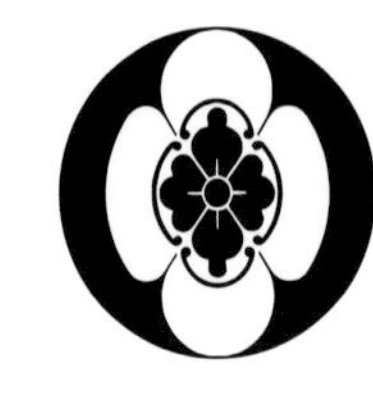

陣屋と日枝神社

陣屋の立地

宮川藩の政庁である宮川藩陣屋には江戸時代には藩士が1人程度在駐するのみで、陣屋の隣に住む垣見氏（浅井氏旧臣）が「世話方」として藩政を援助していた。現在、陣屋跡には「宮川陣屋跡」の石碑が建つが、その規模や構造を示す史料は『改訂近江国坂田郡志』第三巻に載る「宮川陣屋之図」しか知られていない。この図の原本は「大字宮司所蔵」と同書にあるが、それを引き継ぐと見られる宮司東町自治会蔵文書には、この図は確認できていない。とりあえず、『改訂近江国坂田郡志』に掲載された「宮川陣屋之図」に従って、陣屋の立地を見てみよう。

陣屋の正面は南で、南面には堀があり、その堀に架けられた橋で陣屋南側に沿う道路に出られる形となっている。現在も、陣屋跡地南には川があり細い道路も走るが、陣屋西にある垣見氏館跡の前で北流の十一川と南流の薬師堂川が分岐している。この

宮川陣屋之図『改訂近江国坂田郡志』３所収

宮川藩陣屋跡南側の道路と堀

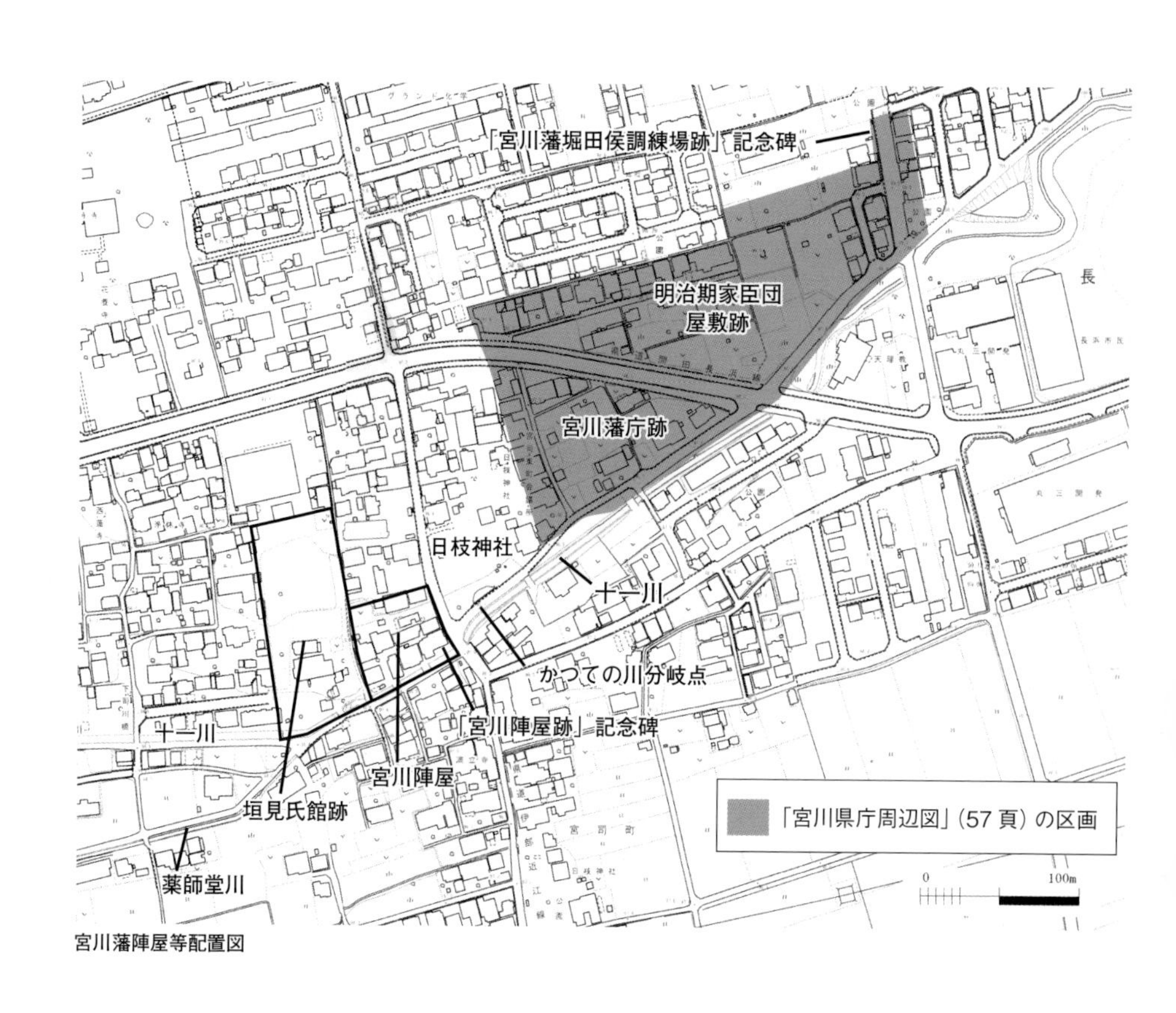

宮川藩陣屋等配置図

分岐点は、江戸中期の18世紀までは「山王宮」(現在の日枝神社)の南にあった。分岐点が垣見氏館前まで西へ移されたのは、19世紀に入ってからと見られ、本図も陣屋南の川は一本で、分岐点は垣見氏館前まで移されていた可能性が高い。とすると、本図の景観は19世紀、おそらく幕末の状況を示すと見ていいだろう。

陣屋内の構造

橋を渡って陣屋に入ると、まず正面に「御門」がある。その両脇には「長屋」がつながる長屋門であったことが分かる。門をくぐると「厩(うまや)」と「土蔵」を左に見て、正面に「西役所」があり、その右に「東役所」が建つ。この二つが藩庁と考えられる。陣屋の東側は、中山道番場宿から小谷城大手門跡まで至る街道であ

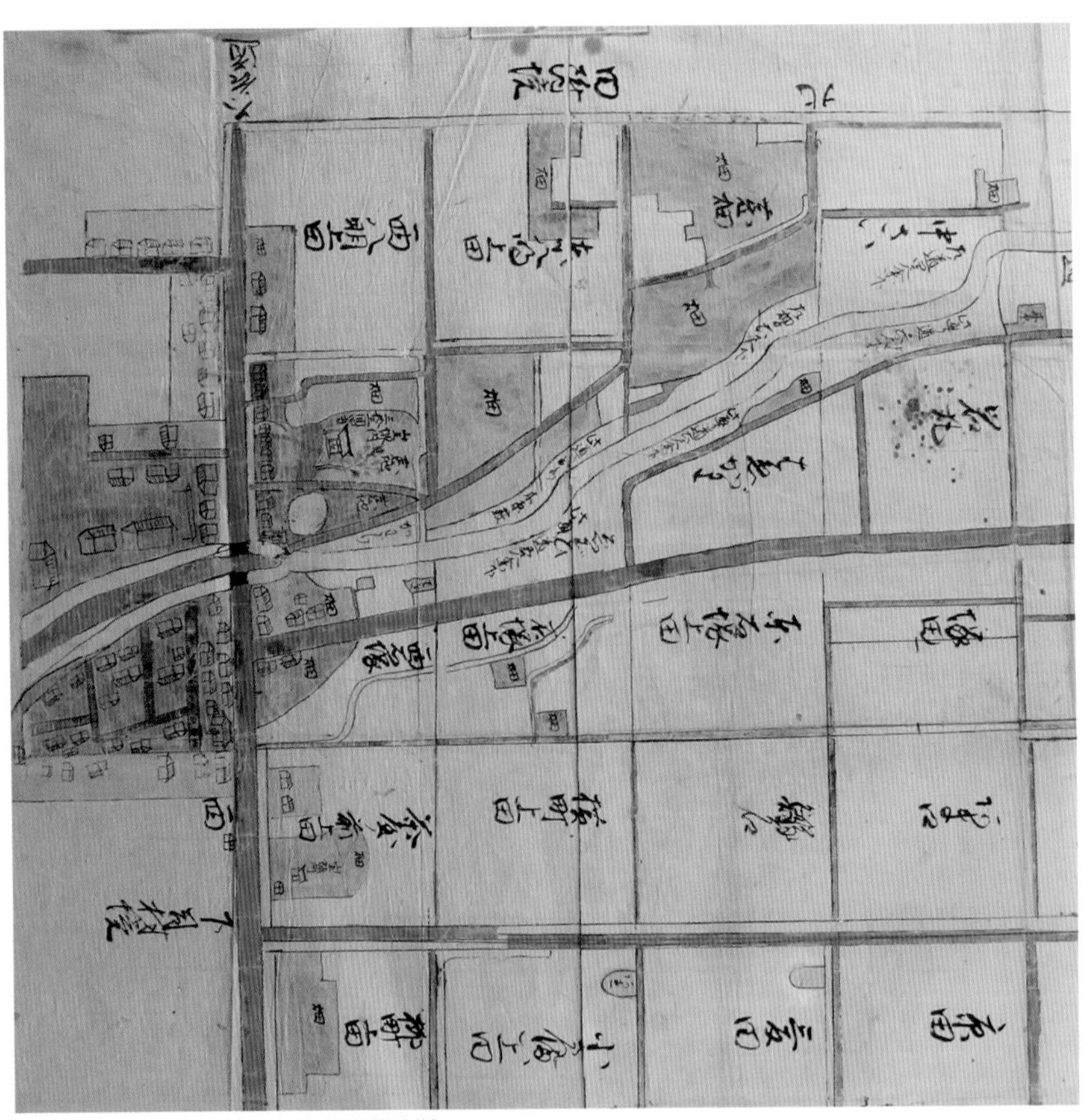

宮河邑郷絵図（寛保２年）　部分（日枝神社蔵）

る小谷道に面していた。その小谷道に沿っても堀があり、東の堀側には「東役所」の南に「土蔵」、さらにその南の陣屋南東隅には「物見」櫓が建っていた。この「物見」に殿様が上がり、その南東に広がる村の広場「番場」で行なわれた、後述する宮川祭り子ども歌舞伎を鑑賞したとの伝承がある。

他方、宮司東町には寛保2年（1742）の年紀が入った「宮河邑郷絵図」と記された村絵図が残る。この絵図の中で、「山王」の西側に見える、他の農家とは相違する大きめの建物3棟、さらに屋根の描き方が異なる横長の建物1棟が所在する場所が、宮川陣屋と推定される。しかし、陣屋と「山王」の間には小谷道に沿って両側に商家が並び、陣屋東側はこの商家に接する形を

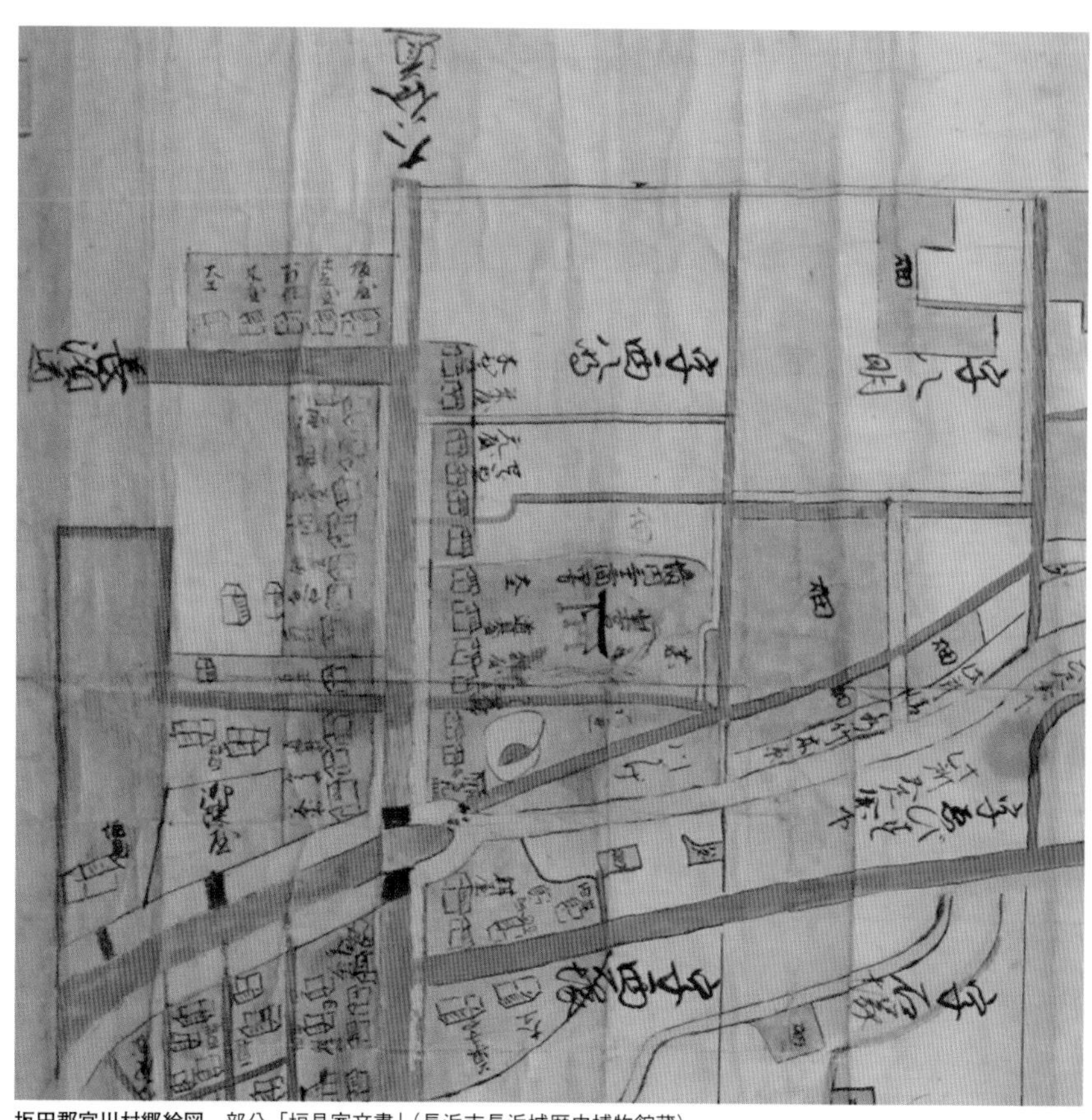

坂田郡宮川村郷絵図　部分「垣見家文書」(長浜市長浜城歴史博物館蔵)

とっている。すなわち、「宮川陣屋之図」のように陣屋東側に堀が認められず、小谷道とは接していないのである。

陣屋敷地の東への拡張

実は、この宮司東町に伝わる絵図と同時に作られた「坂田郡宮川村郷絵図」と記された絵図が、「垣見家文書」(長浜市長浜城歴史博物館蔵)の中に存在する。「垣見」と記された垣見氏館の東に「御陣屋」の記載があるが、その内部の建物配置は明示がない。しかし、ここでも陣屋と小谷道の間には、「茶や」や「道具や」などと記された3軒の商家が立ち並び、陣屋の東側には堀もなく、小谷道にも面していない。これらを総合すると、江戸中期の18世紀の宮川陣屋は小谷道に面していなかったが、幕

日枝神社本殿

宮川藩主の信仰が篤かった日枝神社

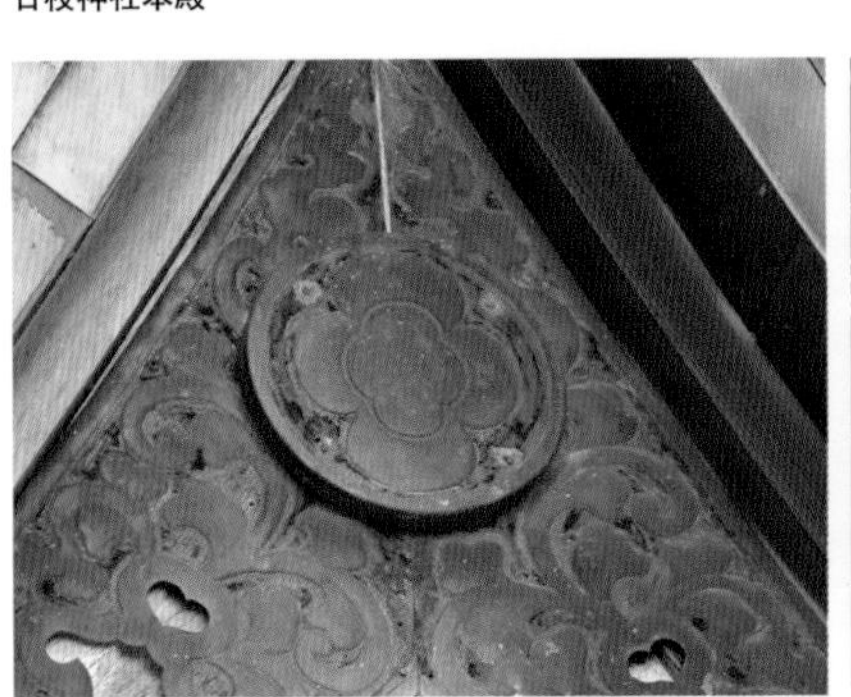
日枝神社本殿の屋根下「丸に竪木瓜」の家紋

堀田正民寄進の春日燈籠

末の19世紀になって小谷道に沿った商家3軒を何らかの方法で取得し、東へ敷地を拡張し小谷道に面するようになったと見られる。陣屋の西側は当初から垣見家、北側が農家であったのは変化ない。

なお、垣見家は先述したように、宮川藩政にも「世話方」として関わったが、16世紀までは戦国大名浅井氏に仕えた地侍・土豪であったことが知られる。現在も、浅井長政からの小谷籠城を謝す感状を含む長浜市指定文化財「垣見家文書」843点が伝存する。

宮川藩主と日枝神社

先に宮川祭りの話をしたが、これは江戸時代に「山王社」と呼ばれた旧宮川村にある日枝神社の祭礼である。この日枝神社と宮川藩主との関わりは深い。現本殿の棟札が社宝として残されるが、享保6年（1721）のもので、3代藩主正陳（まさのぶ）が金具を寄進していることが分かる。確

颯々館

かに本殿屋根の妻には、今も堀田家の家紋「丸に竪木瓜」が入った金具が見える。さらに、本殿玉垣内には第6代正民が寄進した春日燈籠が1対、また玉垣外には第8代正誠が寄進した春日燈籠が1対現存する。

この日枝神社の祭礼が宮川祭りである。この祭りでは、近くの長浜町と同様の曳山が曳き出され子ども歌舞伎が上演された。天明8年（1788）の年紀がある本教（台本）が残るので、長浜祭りと同様に18世紀中頃から、歌舞伎の上演が行なわれていたことが判明する。宮川祭りの曳山は「颯々館」と呼ばれるが、長浜曳山祭りの山と同形で、現在も神社南にある「お旅所」山蔵に収蔵され長浜市指定文化財となっている。

現在の曳山は、舞台上の棟木から享和2年（1802）に藤岡甚兵衛利盈によって建造されたものと知られ、亭と呼ばれる2階部分がない長浜曳山祭りの曳山の古形を示している。実はこの山は再建で、それ以前から同形の曳山が存在した。山の背面につけるのが見送幕で、現在の見送幕「雲龍図」裏面には墨書があり、6代目藩主の正民が自ら揮毫したものと分かる。

さらに、この墨書によれば4代目藩主の正邦が、宝暦8年（1758）に寄進した幕があったが、経年で傷んだので正民が改めて寄進したとある。また、胴幕・面幕も第7代の正義が寄進したと伝えている。この曳山での子ども歌舞伎を、陣屋南東の櫓から殿様が見たとの伝承は、江戸時代に藩主が宮川を訪ねた例がほとんどないことから、事実かどうかは不明である。ただ、この宮川祭りの催行を、江戸にいる藩主が大いに援助したことは事実であろう。

明治の新陣屋と家臣団屋敷

明治維新時の新陣屋建設

明治維新になると、宮川藩は新政府への恭順を示し、その意向によって江戸を離れ領地の宮川で藩政を行なうことになった。第9代藩主の正養は、慶応4年（1868）2月17日に江戸を発ち、新政府の東山道先鋒総督に下諏訪宿で面会するなどして、3月10日に宮川に到着しているが、50～70人ほどの家臣と家族も同道したとみられる。その結果、これまでの陣屋では手狭になり、日枝神社の東方の耕地を開発して、新陣屋である藩庁や家臣団屋敷を造成した。その家臣団屋敷の東端には、鬼門除けの「鎮守」や「練兵所」があったことは後述する。

しかし、明治4年（1871）7月に廃藩置県の命が下り、7月21日には宮川藩は宮川県となり廃藩となる。この宮川県も11月22日には長浜県になり、さらに翌年に成立した犬上県・滋賀県へ引き継がれることになる。堀田正養は廃藩置県直後に東京移住を命じられ、8月には宮川を離れ、9月3日に東京に至り、現在の台東区寿町にあった元中屋敷を住まいとした。離村に当たって、正養が村人に向かって述べた「口演」を記録した文書が今も地元に残っている。

そこには、「この度、知事職御免、且つ御用之あり候間、九月中に東京へ罷り出いづべき旨、御達し之有り候に付ては、この度東京へ罷り出で候えば、早速君臣父子の別れ誠に遠くになり、実に残念に存じ候、（中略）是まで知事職相勤め候も、全く村々和合致し、種々骨折り収納等も差し支えなく致し候ため相勤まり、如何ばかり忝く存じ候」とある。明治となり、江戸時代の体制が改められ、領地に赴き新たな藩政を行なおうと、領民との融和を図ってきたが、それが中途で断ち切られる無念さが伝わってくる。明治維新は我々が知るような急激な中央集権的な国家変革のみでなく、

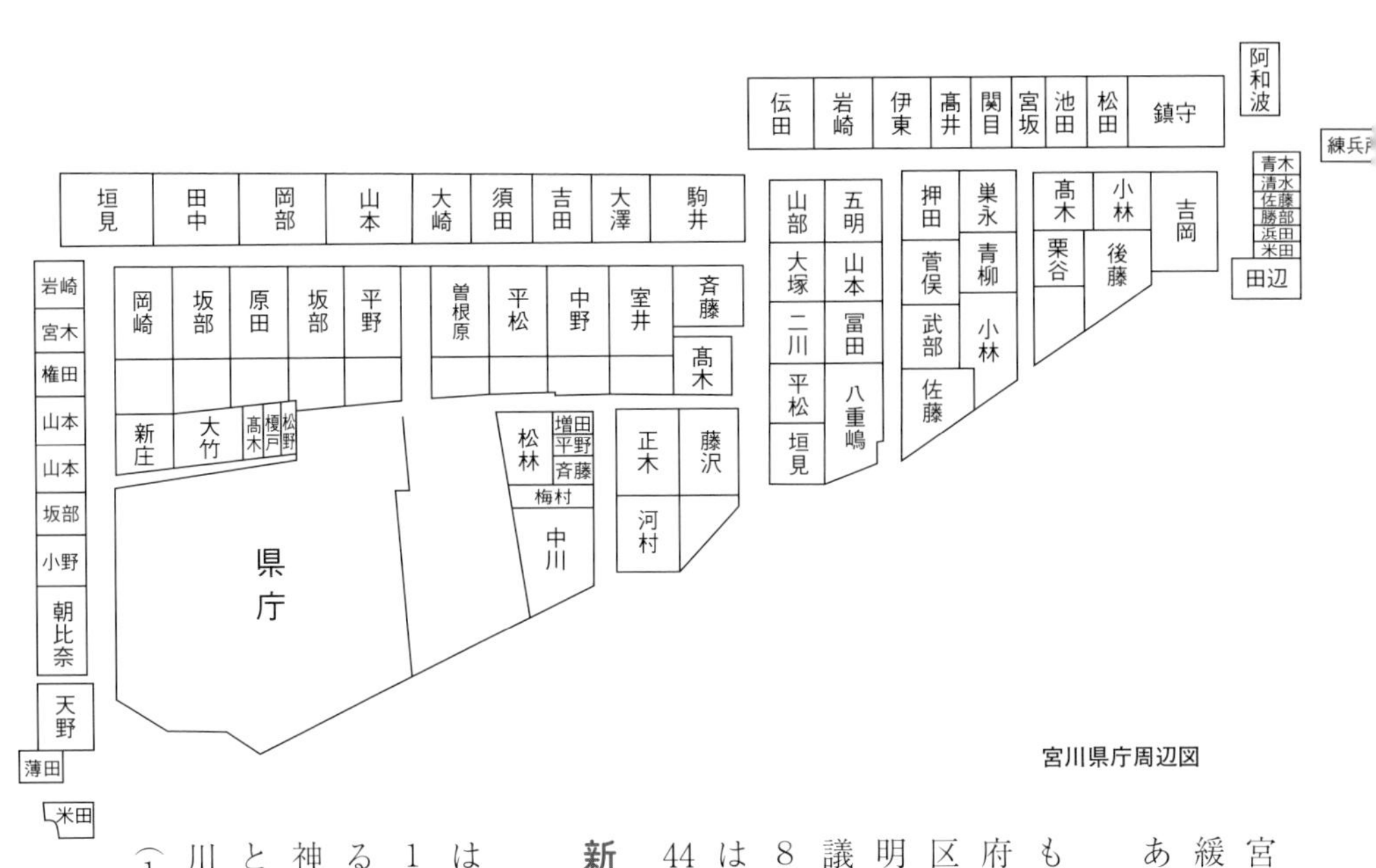

宮川県庁周辺図

宮川藩のような藩を存続しての緩やかな改革とする選択肢もあったのである。

堀田正養は、東京へ帰った後も政治家として活躍する。東京府議会副議長や赤坂区長・下谷区長・深川区長を歴任した後、明治23年（1890）には貴族院議員となり、明治41年（1908）の第1次西園寺公望内閣では逓信大臣を務めている。明治44年（1911）に64歳で没した。

新陣屋「藩庁」と家臣団屋敷

新たな陣屋は「藩庁」あるいは「御役所」、明治4年（1871）7月21日に宮川県が成立すると「県庁」と呼ばれた。日枝神社や垣見氏に残る絵図によると、宮川村の日枝神社東、十一川の北に設定され、明治2年（1869）12月17日に開庁している。

さらに、これに先立って明治2年9月19日、藩庁に近接して藩校時習館が開設されている。また「藩庁」の西、神社との間に南北に長く一列、そして「藩庁」の北と東北にも、数本の道に沿って家臣団屋敷が設定された。その家臣団屋敷の数は合計83軒で、その東北の端の鬼門には鎮守として稲荷社がおかれ、さらにその東には「練兵所」が続くが、後者については「宮川

「宮川藩堀田侯調練場跡」記念碑

家臣団屋敷地跡 「朝比奈」屋敷付近から北を写す

家臣団屋敷地跡 「五明」屋敷付近から東を写す

稲荷像（日枝神社）

家臣団屋敷地内にあった稲荷社

藩堀田侯調練場跡」と刻まれ昭和61年（1986）5月に建立された記念碑が今も建つ。

現在も家臣団屋敷の形状は、道路の曲がり具合や、宅地や畑地の区画となって一部が残存する。その区画は大きい屋敷で100坪程度、小さいと50坪からそれ以下であり、小藩の家臣屋敷らしい規模と言えよう。鬼門にあった稲荷社は、現在日枝神社の本殿南に移転されている。そこには、明治3年（1870）製作の1対の狐の形をした稲荷像があるが、その台座には山本行尚・平松儀容・塚原信雄・藤沢義広・平松儀一・伊東安信と5人の陰刻銘に朱筆を入れた寄進主名がならぶ。いずれも、宮川藩士である。貴重な宮川藩の存在を示す文化財と言えよう。

新「藩庁」玄関から「御役所」へ

新「藩庁」に関わる普請帳・勘定帳・木割帳などが、坂田郡常喜村（長浜市常喜町）の大工宮部太兵衛家の資料に残っている。宮部太兵衛家は、江戸中期から昭和初年まで宮大工を続けた家で、北近江に存在する浄土真宗本堂を多数手がけていたことで知られる。宮川「藩庁」に関する文書は10冊の竪帳と横帳で、慶応4年（明治元年、1868）9月から明治3年（1870）3月に至り、それぞれ「御役所」・「御台所」・「表御居間」・「表奥御殿」と表題に墨書があるので、宮川藩の「藩庁」に関わるものであることは間違いない。また、明治3年正月の横帳は「宮川様御役所御家中材木諸品入用覚帳」とあるので、「御家中」＝家臣団の屋敷建設にも関わっていた可能性がある。

さらに、「藩庁」の設計図（建地割図）も、大工宮部太兵衛家に残っている（60～61頁写真）。慶応4年（1868）の年紀があり「宮川様御書院　但し御殿・御居間向・御役所向」と墨書がある。方位の記載はないが、敷地の形等から推測すると、玄関棟が北を向く状態であったようである。すなわち、南の川側ではなく家臣団屋敷の方に玄関が向く、至極自然な配置となる。

北を上に絵図をおくと、右上すなわち東北に玄関棟があり、間口1丈4尺（約4・2m）の大戸が開く。大きな屋根が妻入りにかかっていた。有名な京都二条城の車寄を想起するとよい。この玄関棟は北半分が土間、南半分は板間で、その間に「小便屋」があり、板間の奥（南）にも「奥小便部屋」がある構造であった。

玄関棟から板敷きの1丈2尺4寸幅の廊下で、南西につながるのが「御役所」棟で、6尺幅

宮川藩庁建築関係文書「宮部太兵衛家文書」より

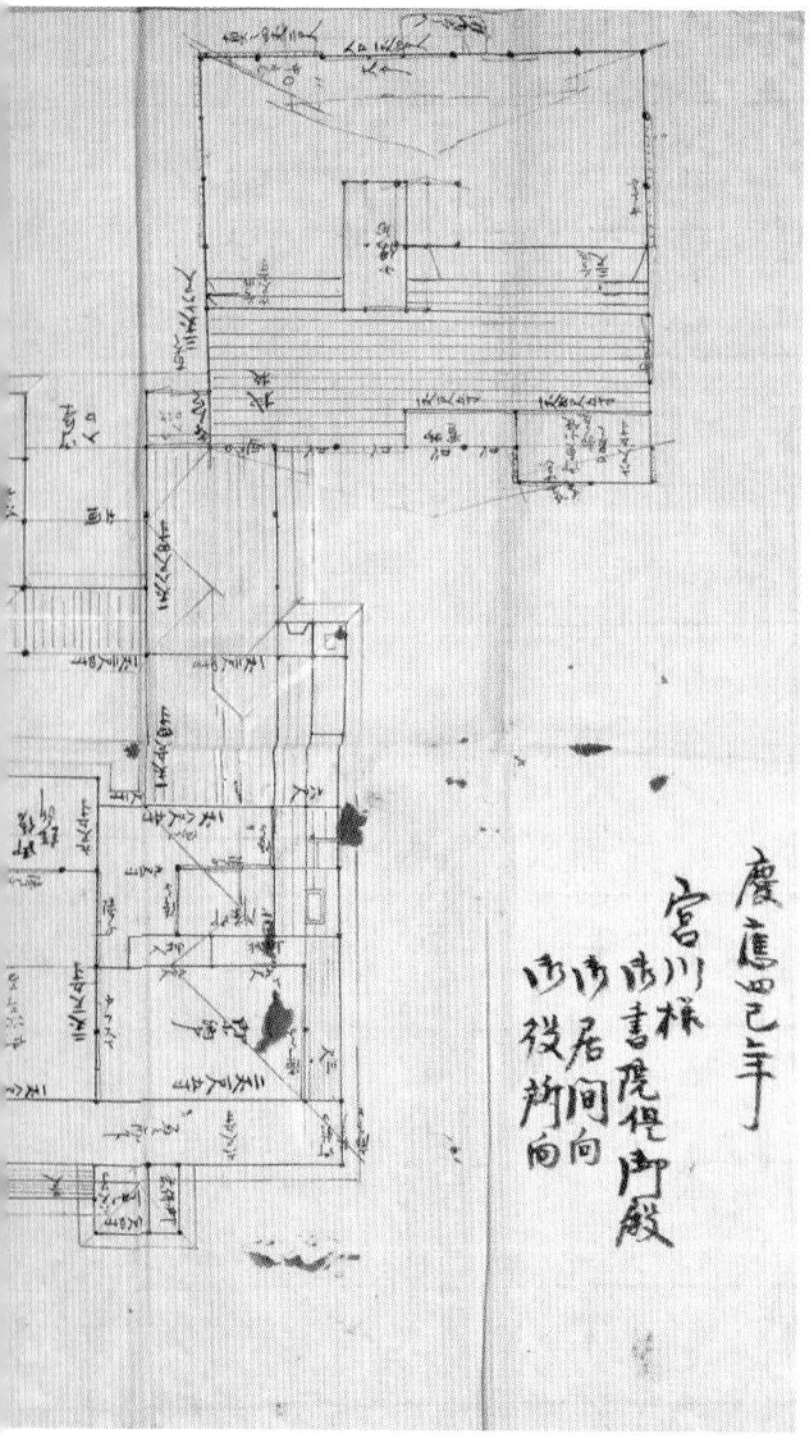

の板敷廊下が東西に貫く。一番手前（東）には北向きで「御役所入口」の「土間」がある。そこから西に向かって「役所小遣部屋」・「吟味役買方詰所」・「御用人部屋」・「御家老部屋」が続き、西に行くほど藩重役の控部屋となる。この横長の建物の北には3尺幅の廊下を隔てて、3室の小部屋が平行に連なる。その両脇には便所も設けられているようである。

「御書院」から「御居間」へ

「御役所」棟から6尺幅の板廊下で、南西方向につながるのが「御書院」つまり「御殿」である。そこには部屋の名前が記入されておらず詳細は不明だが、東西に4部屋程度を連ねた巨大な建物で、小部屋や角屋を周囲に配置した形になっている。ここは、家臣が集まり藩主に拝謁等する儀式の場であったと見られる。

そして、この「御書院」から6尺5寸幅の「畳廊下」で南東につながるのが、藩主の居所となる「御居間」棟である。この棟は「御役所」棟からも1丈3尺4寸幅の板廊下でつながる。「御役所」棟から入った所に「御茶所」があり、その西には「御傍詰所」があった。藩主の側近が詰める場所であろう。その南には東に「御小納戸」と、西に「御次三ノ間」があった。「御小納戸」の南には、6尺5寸幅の「畳廊下」を隔てて、「御仏所」と一畳間（実際は二畳間）からなる仏間が角屋状に南へ飛び出ていた。藩主が先祖の霊を拝む場所である。「御次三ノ間」の西には「御書院」から続く「畳廊下」の北に「御高殿」がある。いわゆる

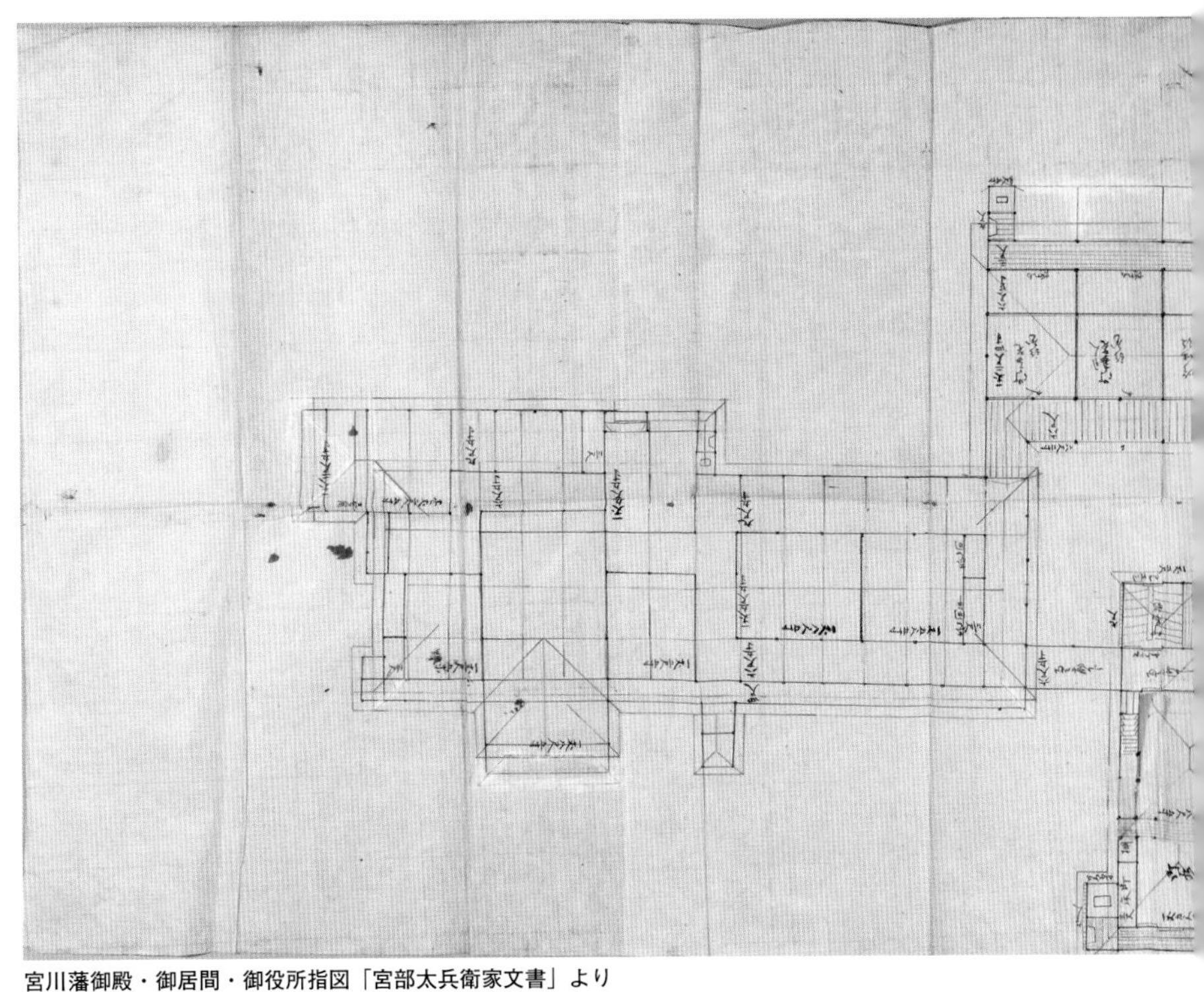

宮川藩御殿・御居間・御役所指図「宮部太兵衛家文書」より

「物見」の櫓であろう。その南には二ノ間らしい部屋と、さらに南に「御居間」が連なる。「御居間」は藩主の居室と見られ、部屋の東に棚（違い棚）と床の間を配し、その床の間の裏には大小便所がある。「御役所」と「御書院」それに「御居間」に囲まれた空間には、当然中庭があったろうし、「御書院」の南か北にも庭園が広がっていた可能性が高い。

　これだけ大規模な新築御殿の「藩庁」だが、現在跡地は宅地化され、何の痕跡も残らない。明治6年（1873）1月14日の太政官達により、廃城が決まった陣屋を含む城郭を解体し敷地を民間に払い下げる計画が進んだが、この新たな宮川陣屋である「藩庁」も、その中で消滅に至った。

おわりに

　この小藩の歴史は、日本人の江戸時代のイメージを一変させるものだろう。幕末の慶応元年（１８６５）には全国に２６６藩あったが、その内５万石未満の小藩が60％以上を占め、これらの藩の多くは領地に城を持たない、宮川藩と同じ陣屋大名であった。巨大な城と城下町だけが大名や家臣たちの居所ではなく、小規模な屋敷を居所とする小大名の方が多かったのである。

　宮川藩主の江戸時代における領民との関係は、ほとんど「無」に近いものだったろう。江戸にいた殿様は、領民にとって日頃その存在すら感じる時もなかったかもしれない。ところが、明治時代になると、逆に殿様は村にある御殿（ごてん）におり、領民には身近な存在となった。その家臣たちも同じである。宮川藩の殿様や家臣は、その存在を感じない状況から、明治になって突然領民の前に現れた形だ。封建制と言われる江戸時代に領主の姿がなく、近代化に向かう明治時代になって、初めて領主の姿を見る。この宮川村の領民たちの矛盾した体験は、中近世の封建制から近代化へ向かう流れが、日本史の教科書が言うように一元的ではなく、多元的であったこと示している。

（太田浩司）

「宮川陣屋跡」記念碑

ご当地案内

宮川藩陣屋跡▼長浜市宮司町
　ＪＲ北陸線長浜駅からバスで宮司東下車。駅前にレンタサイクルあり、約３㎞。車の場合、北陸道長浜ＩＣから約５分。駐車場なし。

■周辺散策

宮司東町の石造遺物▼長浜市宮司町
　十一川堤に、陣屋普請所石碑や石橋の部材、道標などがまとめられている。

総持寺▼長浜市宮司町
　陣屋の北にある西国薬師霊場31番札所。ぼたん寺としても有名。寺の西、小堀町は小堀遠州出生地である。

長浜城歴史博物館▼長浜市公園町
　かつて羽柴秀吉が城を築いた地に建つ博物館。５階は湖北を一望できる展望台。

第4章 大溝藩陣屋

若
狭
郡
遠
敷
郡
高
島
郡
滋
賀
大溝領
西庄村
海津村
百瀬村
川上村
今津町
饗庭村
廣瀬村
三谷村
朽木村
水尾村
安曇村
青柳村
新儀村
本庄村
高島村
大溝町
小松村
葛川村
木戸村
沖島

大溝陣屋までの歴史

大溝城天守台跡

織田信澄と大溝城

　ＪＲ湖西線近江高島駅下車東側琵琶湖へ数分進むと小洒落た三角公園があり、公園の南に分部神社が現れる。この辺り、大溝藩の陣屋および藩庁跡の中心である。

　大溝陣屋を語る前に、織田信長が安土城の対岸であるこの地に甥の信澄（養父磯野員昌）に命じて大溝城を築かせたことから話を進めることにする。

　天正６年（１５７８）織田信澄が新庄（新旭町）から城を移した大溝は、洞海（現・乙女ケ池）と呼ばれた内湖と琵琶湖の間に発達した砂州の北西端に位置し、湖路と陸路の要にある。

　この水城・大溝城の縄張り（設計）は信澄の岳父である明智光秀が関わったと伝えられている。

　城下の様子を知る史料としては、『織田城郭絵図面』がある。本丸は水堀に囲まれ、さらに侍屋敷を巡らせている。屋敷地には高島郡内の郷士と考えられる永田左馬・猪飼甚九郎・朽木民部・吉武久八郎・赤尾新七郎・田屋兵助など21名の名前が記されている。

　大溝城の石垣は、南西に位置する比良山地の通称「石きり」の石が使われたと、石工の村である打下集落に伝えられてい

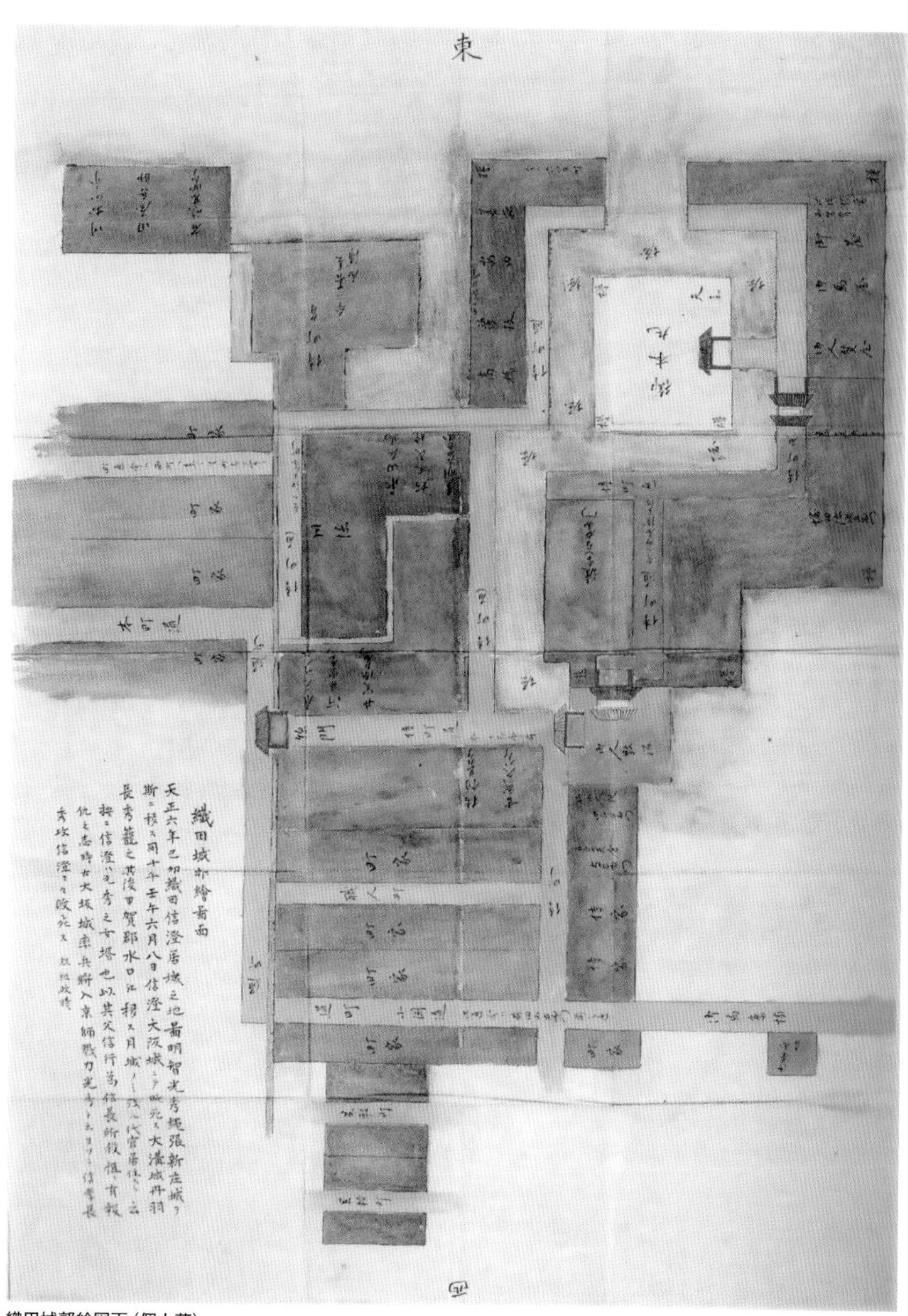

織田城郭絵図面（個人蔵）

る。大工作事については、西に位置する音羽村の大工棟梁村谷家に伝わる古文書に『織田七兵衛（信澄）様高島御知行の砌……』とあることから推察する事が出来る。

一方、城下に眼を転ずれば西側に町屋と足軽町を造り、総門から北側には数本の通りを設け、高島郡内の新庄や今市（新旭町）・南市（安曇川町）などから商人・職人を含めた町屋の人と寺院を移住させた城下町を形成した。

今も伝わる町名として、南市本町・新庄本町・今市本町・南市中町・新庄中町・今市中町・今市新町・新庄新町の各町屋がまた、田中郷（安曇川町）の勝安寺、妙琳寺が所在している。

湖西道路に埋もれ、わずかに残る打下の石積み跡

昭和30年代の打下集落の浜石垣

大溝城の東南は琵琶湖と内湖を隔てる砂州上に打下村があり、村の北には勝野の日吉神社の御旅所が設えてある。また、現在は打下の北東隅に信澄時代に新庄から移した大善寺の古碑があり、この大善寺は、「度重なる琵琶湖の水害から逃れるために延宝4年（1676）、山の手上石垣に移った」と伝えている。

天正10年（1582）5月、織田信澄は、織田信孝（信長の三男）の率いる四国遠征軍の副将として摂津住吉に着陣していた。6月2日早暁、京で本能寺の変が起こり、明智光秀謀反の一報が陣中に伝えられると、信澄は

光秀の娘婿の関係から否応なく敵視される。信孝は丹羽長秀と謀って6月5日早朝、大坂城二の丸千貫櫓において信澄を襲撃し自刃に追い込む。

なお大溝城跡発掘調査については後述する。

日吉神社御旅所

その後の大溝城主

信澄の死後、大溝城主は丹羽長秀に移る。長秀は若狭国と近江国高島・滋賀の2郡を知行し、大溝城には代官に植田重安を置く。天正11年賤ヶ岳の合戦後は、秀吉が高島郡の一部を直轄領とし、家臣加藤光泰を大溝城主とする。

天正13年には、加藤光泰が大垣城に転封し、新たに生駒親正が秀吉から高島郡を宛がわれ播磨国より移封し大溝城主となるが、翌年伊勢国神戸城に移される。大溝は再び秀吉の直轄領となり代官として湖南の芦浦観音寺が勤める。

天正15年には、江北(ごうほく)の名家京極家の高次が大溝城主となる。高次はこの頃浅井三姉妹の次女お初を室に迎え入れている。

天正18年高次は、近江八幡城主として転封する。

その後、織田三四郎が入り、三四郎のあと再々秀吉の直轄領となり代官として吉田修理が領地支配をする。

大溝藩士横田家伝来古文書には「文禄四年岩崎掃部佐治ム、慶長八年城ヲ毀水口へ移ル、其後代官所トナル、羽鹿加左衛門預り、元和五年分部左京亮光高(信カ)大溝ニ移ル」とある。

近年甲賀市教育委員会の水口岡山城発掘調査では、東櫓に大溝城と同型の瓦類が出土し、長束正家が城主となった文禄4年以降大溝城は解体、部材は甲賀郡水口岡山城に持ち出されたようである。

信澄時代の大溝城はここに幕を閉じ、つづく大溝陣屋時代を待つことになる。

大善寺境内には織田信澄慰霊碑が建っている。

陣屋の歴史

伊勢上野円光寺分部家墓所（左から光嘉公・光勝公・光嘉公室万・光高公）

北伊勢の分部家

始めに大溝藩主となる分部家の出自について語っておく。

分部家は、伊勢の国人領主である長野家に仕えていた。長野家は藤原南家工藤氏族の一統で伊豆国に居住し、源頼朝の寵をうけた工藤左衛門尉藤原祐経の後裔で、４代後の高景の時、勢州長野に定住して姓を長野に改め長野工藤と称した。

長野工藤は同州奄芸郡雲林院の雲林院家、同安濃郡草生の草生工藤家、同郡細野の細野工藤家を有力与力に加えて長野郎党の勢力を拡大する。足利幕府に従臣すると、建武２年（１３３５）安濃・奄芸両郡が与えられ伊勢の守護職に任じられる。また、同州家所の家所家や分部家を与力に加えることによって、北伊勢に勢力範囲をもつ武士団の棟梁として成長する。

当時、伊勢国は13郡に分かれており、北畠家が南部５郡、長野工藤・関両家と他の武将が北部８郡を領有し、せめぎ合っていた。

長野家14代藤高の天文18年頃、「家中錯乱」（お家騒動）となり、永禄４年（１５６１）、正月藤高の死後、長野家15代に就いた藤定は長く争っている北畠家との和睦を目論見、北畠具教の二男である次郎を養子に迎え、長野

具藤と改め16代の継嗣とした。しかし、永禄5年5月に藤定が亡くなると再び「家中争乱」状態になり具藤廃立へと動きだす。

分部光高は宗家の長野家安泰との思いから、信長の弟織田三十郎を継嗣に迎える為に画策、無事成功し、織田三十郎こと長野上野介信良が登場する。

天正10年（1582）本能寺の変以後、世は秀吉の時代へと移る。光高の養子・光嘉は秀吉の従臣となり、伊勢上野城主（現三重県津市河芸町上野）となる。また、徳川家康の推挙により、秀吉の黄母衣十騎に加えられる。

慶長5年（1600）7月石田三成の叛に備えて光嘉は、家康の命により伊勢安濃津城に入り富田信濃守とともに籠城して、三成軍と対峙するが落城する。信濃守と光嘉は、一身田の専修寺に入り薙髪し、高野山へ落ちていく。

関ケ原の戦いで東軍の家康が勝利を治めると、ただちに安濃津城に帰還した光嘉は、戦功により家康から1万石を加増され都合2万石を所有することとなる。慶長6年11月29日、波乱の生涯を駆け抜けてきた光嘉は居城伊勢上野城で病没、分部家は光信（光嘉の養子）の世と移っていく。

分部光嘉像（円光寺　2000年刊行）

大溝藩主分部家

元和5年（1619）8月27日、分部光信が伊勢上野城から家臣45名と町人を引き連れて2万石大溝藩主初代として入封する。

寛文4年（1664）の領知日録によれば、次に記すように高島郡内32箇村と野洲郡5箇村であった。

高島郡内　三拾弐箇村

大溝村・打下村・石垣村・音羽村・伊黒村・鹿瀬村・畑村・上小河村・大田村・武曽村之内・横山村之内・鴨村之内・藁園村之内・下古賀村之内・永田村之内・下弘部村之内・蘭生村之内・藤江村之内・今在家村之内・深溝村之内・東万木村之内・庄堺村・森村・北端村之内・河嶋村之内・横江村・下小河村之内・今市

村・北生見村・木津村之内・
南生見村・宮野村
高壱万七千七石三升壱合
野洲郡之内　五箇村

矢嶋村・小嶋村・今濱村・河
田村之内・笠原村之内
高弐千九百九拾四石壱斗六升
九合
都合弐万壱石弐斗

大溝藩主初代分部光信公肖像画（圓光禅寺蔵）

大溝藩の陣屋は信澄時代の大溝城三の丸跡に構え、西側に45名の家臣団の武家屋敷地を整えた。また陣屋および武家屋敷地を含んで土塀を巡らせ総門（惣門、棟札には摠門とある）・西門・南門・北門（不浄門）が設けられた。

総門は宝暦5年（1755）に大修理が施されて以後、改変されながら藩政建造物として唯一現存している。

総門を境に南は藩庁・武家屋敷地、北は信澄時代以来の城下町を利用するとともに、北国海道（西近江路）を湖岸寄りに変更、長刀町、舟入町、江戸屋町、蠟燭町、職人町、伊勢町などの町を増やし、町屋の整備に力を入れた。

西門近くの郭内には8代藩主光実が藩士・領民の知徳教育の

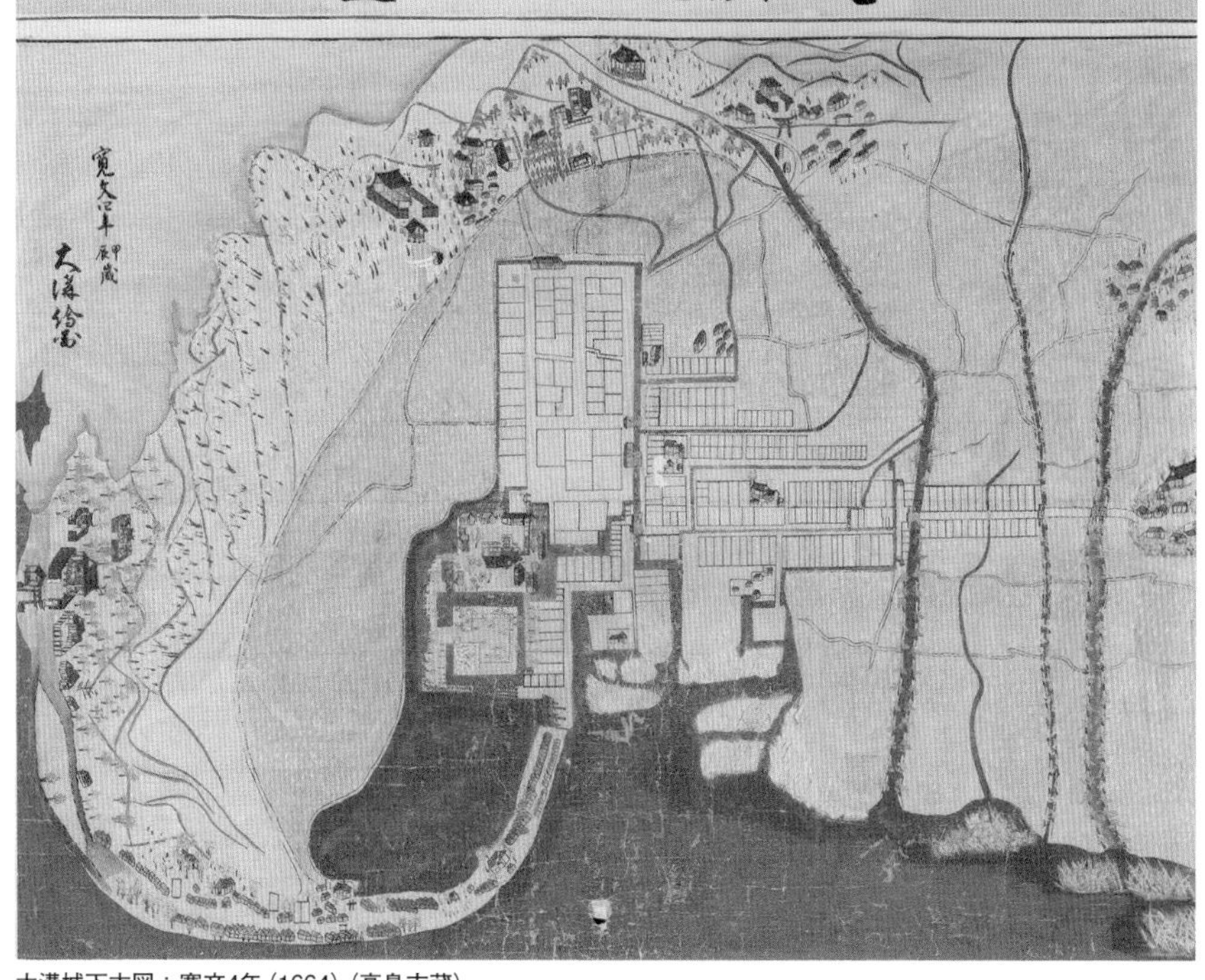

大溝城下古図：寛文4年（1664）（高島市蔵）

ために、天明5年（1785）藩校脩身堂を開設、近江諸藩では最も早い藩校で、領内で儒学に精通していた中村徳勝を学頭とした。現在、脩身堂跡には石碑が建っている。

初代光信は大溝入封後にも幕府の普請役を務め、寛永元年（1624）大坂城本丸の普請、同11年（1634）には比叡山延暦寺の造営奉行をしている。

また、寛永10年（1633）3代将軍家光の諸国巡検使18名の中に選ばれて常陸・陸奥・出羽及び松前の諸国に派遣されている。

分部家の中興の祖である光嘉とともに戦国の世を歩んできた光信は、寛永20年（1643）に京都で病死した後、洛北の大徳寺塔頭大慈院に葬られる。

その後、三男の嘉治（よしはる）が遺領を

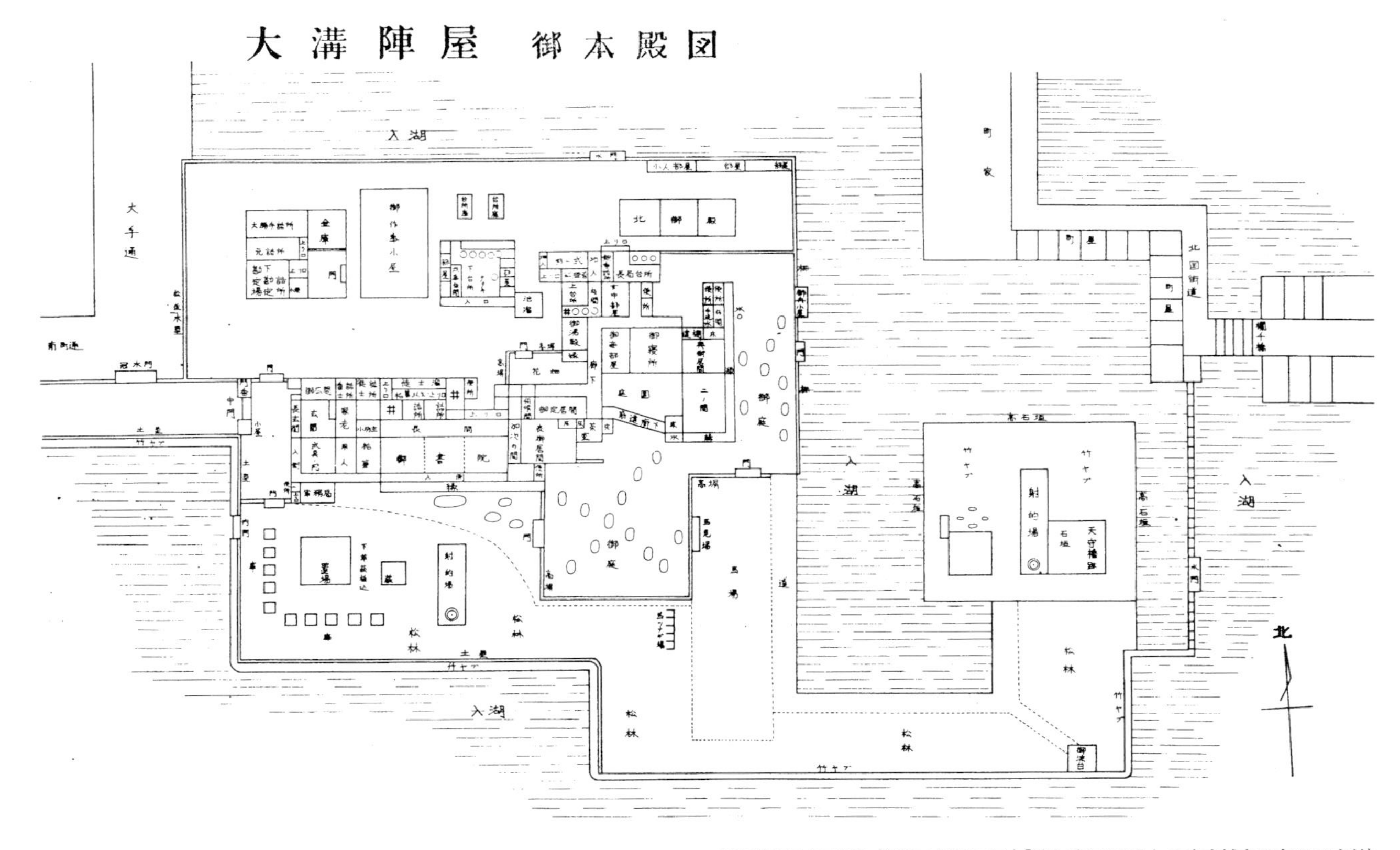

大溝陣屋図（志村清「近江大溝陣屋二」『城と陣屋107号』日本古城友の会1976より）

愛読者カード

ご購読ありがとうございました。今後の出版企画の参考にさせていただきますので、ぜひご意見をお聞かせください。なお、お答えいただきましたデータは出版企画の資料以外には使用いたしません。

●書名

●お買い求めの書店名（所在地）

●本書をお求めになった動機に○印をお付けください。

1．書店でみて　2．広告をみて（新聞・雑誌名　　　　　　　　）

3．書評をみて（新聞・雑誌名　　　　　　　　）

4．新刊案内をみて　5．当社ホームページをみて

6．その他（　　　　　　　　）

●本書についてのご意見・ご感想

購入申込書　小社へ直接ご注文の際ご利用ください。お買上 2,000 円以上は送料無料です。

書名　　　　（　　冊）

書名　　　　（　　冊）

書名　　　　（　　冊）

郵　便　は　が　き

お手数ながら切手をお貼り下さい

5 2 2 - 0 0 0 4

滋賀県彦根市鳥居本町 655-1

サンライズ出版 行

〒

■ご住所

■お名前（ふりがな）　■年齢　　歳　男・女

■お電話　■ご職業

■自費出版資料を　希望する ・ 希望しない

■図書目録の送付を　希望する ・ 希望しない

サンライズ出版では、お客様のご了解を得た上で、ご記入いただいた個人情報を、今後の出版企画の参考にさせていただくとともに、愛読者名簿に登録させていただいております。名簿は、当社の刊行物、企画、催しなどのご案内のために利用し、その他の目的では一切利用いたしません（上記業務の一部を外部に委託する場合があります）。

【個人情報の取り扱いおよび開示等に関するお問い合わせ先】
サンライズ出版 編集部　TEL.0749-22-0627

■愛読者名簿に登録してよろしいですか。　□はい　□いいえ

ご記入がないものは「いいえ」として扱わせていただきます。

継ぐ。妻は備中国松山城主池田長常の二女。明暦4年（1658）7月9日夜、大溝において嘉治と叔父で当時浪人をしていた池田長重（長常の弟）とが対談中に争いとなり結果的に長重を斬殺し、嘉治も刀傷を負って翌日亡くなる事件が起こる。

嘉治の亡き後、家臣和田主殿・原田左近・別所七郎右衛門らの働きによって3代嘉高への家督相続が認められ、三名の墓は許されて藩主嘉治墓の近くに造られた。

3代嘉高は、寛文7年（1667）6月12日に20歳の若さで亡くなる。嘉高には子どもがなく、母の縁筋から養子を迎える。4代信政は、備中国松山城主池田長常の弟で旗本にとりたてられた池田長信の三男にあたる。先の長重の変事を超えて、信政は藩政に励むが、領内では、しばしば大洪水に見舞われる。寛文9年（1669）には1万石の水害が見込まれ、御蔵米3千石を幕府から借受けている。

延宝4年（1676）にも1万3千石の水害があり、翌年の参府免除を願い出て御用捨の奉書を受けるなど、厳しい藩財政を司る。

藩士たちの生活も決して楽ではなく、慶安年中（江戸初期）・享保13年（中期）・安政4年（後期）の『分限町帳』の分析から、石高100石以上の上級武士は初期の段階で43人であるが、中期以降減少を続けて、後期になると25人になり、中級武士は初期に29人が中期には22人、後期には43人、下級武士は初期76人から後期101人になり、減録されて行く傾向が読み取れると言う。

大溝藩主としての公用は、各普請役の他、大坂城加番役、京都御所の接待役、京都・江戸の火消役、橋番役などと、武家や僧侶の犯罪者預かりがあった。

10代光寧（みつやす）の文政9年10月には、幕臣で北方の蝦夷地探検家近藤重蔵を罪人として預かる。

11代藩主光貞は安中藩主板倉勝明の弟で、天保2年（1831）3月嗣子に入り遺領を継ぎ、幕末の動乱期を無事に乗り越えて、明治2年（1869）6月23日版籍奉還し大溝藩知事となり、250年の大溝藩時代を終わらせた。

（白井忠雄）

大溝藩主の主な歴史年表

（年表作成　来見久美子）

藩主在位	元号	西暦	分部藩主歴
	天正19	1591	光信公、勢州庵藝郡雲林院村 長野正勝長男として生まれる。
	慶長4	1599	光信公、9歳で分部家の嗣子に迎えられる。
	慶長6	1601	11月29日養父光嘉死去にて伊勢上野城主分部2万石を継ぎ、江戸にて家康公・秀忠公に拝謁する。
初代光信	元和5	1619	8月27日光信公29歳にて大溝に入封し、大溝藩2万石の初代藩主となる。
	寛永4	1628	9月13日江戸にて光信公三男として嘉治公生まれる（兄たちが早世のため嫡子となる）。
	寛永10	1633	光信公、家光将軍政権下諸国巡見使18名に抜擢され、常陸・陸奥・出羽及び松前等に赴く。
2代嘉治	寛永20	1643	2月22日光信公病死、京都大徳寺塔頭大慈院に葬られる。3月26日嘉治公17歳、家督を継ぐ。
	慶安元	1648	9月19日、嘉高公生まれる。
	承応元	1652	嘉治公、大坂御加番役を務める。12月14日池田長重弟旗本池田長信の三男として信政公生まれる。
3代嘉高	明暦4	1658	嘉治公、7月9日夜池田長重対談中争闘刀創により翌10日没す。万治元閏12月2日嘉高公11歳、家督を継ぐ。
	寛文2	1662	5月西近江大地震（寛文地震：M7・6）により、1022軒倒壊死者30余人を出す。
4代信政	寛文7	1667	6月12日嘉高公江戸にて病死、8月28日信政公家督を継ぐ16歳。12月29日従五位下隼人正叙任。
	寛文9	1669	5月1日大溝領内大洪水9月御蔵米3000石拝借（元禄7年までに皆済）、翌年大溝入国。
	延宝4	1676	5月再び大溝領内大洪水13000石損毛、信政公幕府に願い出、10月参府御用捨奉書を得る。
	天和2	1682	8月大坂加番役に任じられる。以後、貞享4（1687）8月・元禄4（1691）8月・元禄11（1698）8月勤める。
	元禄8	1695	3月28日丸岡城請取と在番役仰付られ5月から8月まで丸岡在番し有馬清純に引渡す。
	元禄11	1698	7月21日、光忠公大溝で生まれる。
5代光忠	正徳4	1714	正月8日、光命公江戸にて生まれる。光忠公眼病を患い隠居願い出6月23日許され、光忠公家督を継ぐ17歳。 信政公12月18日大溝にて病死。同日、光忠公従五位下左京亮叙任。翌5年5月28日大溝に入国。
	享保6	1721	光忠公、小川村藤樹書院祭祀を続ける為、租税設役を免除する。いご明治維新まで続く。
6代光命	享保16	1731	光忠公、3月14日江戸にて病死。5月6日光命公家督を継ぐ17歳。12月23日従五位下和泉守叙任。
	元文2	1737	11月29日、光庸公大溝に生まれる。（享保19とも）

代	和暦	西暦	事項
	宝暦4	１７５４	9月7日、光命公病気理由にて致仕41歳。光庸公家督を継ぐ17歳、12月18日従五位下隼人正叙任。
7代光庸	宝暦6	１７５６	6月21日、光実公大溝に生まれる。幼少より人格・学才ともに優れ父光庸公に愛育されたと伝わる。
	天明3	１７８３	11月22日、光命公大溝にて病死。
8代光実	天明5	１７８５	3月10日、光庸公病気による隠居願叶い致仕。光実公家督を継ぐ31歳、5月14日大溝入部。藩校脩身堂を郭内に建て、中村徳勝をして士民の教導を勧める。12月18日、従五位下左京亮叙任。
	天明6	１７８６	正月、光実公城山に鹿狩りして武道を奨励する。6月3日、光邦公大溝に生まれる。
	寛政2	１７９０	8月26日、光庸公江戸にて病死、赤坂種徳寺松渓院に葬られる。俳名を栖鳳、茶湯は宗筠と称した。
	寛政6	１７９４	正月10日、愛宕下佐久間小路上屋敷類焼、将軍命にて同所稲荷小路替地と白銀２５０枚賜る。8月から翌年8月まで、大坂加番役を務める。
9代光邦	文化5	１８０８	大坂加番役仰せ付けられるが、4月14日光実公病死のため被免。6月15日光邦公家督を継ぐ23歳、12月11日従五位下若狭守叙任。
	文化6	１８０９	5月12日、光邦公大溝入部。8月より大坂加番役務める。7月24日、光寧公江戸にて生まれる。
	文化7	１８１０	光邦公、8月大坂加番役終え江戸参府後、9月22日病死。11月19日、光寧公家督を継ぐ2歳。
10代光寧	文政9	１８２６	光寧公、10月6日近藤重蔵預かり、翌年2月大溝へ引移す。文政12年6月9日、重蔵大溝にて病死59歳。
	天保元	１８３０	光貞公15歳、光寧公の嗣子となり、11月15日大溝藩分部家に入る。
11代光貞	天保2	１８３１	3月7日、光寧公23歳隠居願い致仕、以後楽齋と号す。3月10日光貞公家督を継ぐ16歳。5月4日大溝初入部。
	文久2	１８６２	5月、光貞公勅使大原様東下に接伴する。11月3日、光謙公大溝に生まれる。
	文久3	１８６３	勅命により8月1日藩主以下大溝藩本隊出発、御所宮門警護に就く。光貞公、天皇に拝顔、天盃等拝領有り。11月19日再び京都警護に鉄砲隊つく。21日、中風にて不自由となる。
	明治2	１８６９	4月、光謙公父代理として参内。光貞公、6月23日版籍奉還の命に従い大溝藩知事に任命される。
	明治3	１８７０	4月12日、光貞公病死。7月25日7歳の光謙公分部家を継ぐ。29日大溝藩知事に任ぜられる。
12代光謙	明治4	１８７１	光謙公、7月の廃藩置県施行待たず、6月23日知事を辞す。解藩により大溝藩は大津県に属す。大溝藩は廃藩となり、元和5年から２５２年に亘った大溝藩政がここに終わった。光謙公9月東京に帰る。

陣屋の構造

大溝陣屋の初期の構造は判然としないが前掲の『大溝城下古図』、享保17年（１７３２）の『大溝旧図』、明治初年頃の『陣屋及び郭内図』を参考に幕末頃を描いたであろう『御本殿一廓之図』などの貴重な資料を駆使して古城研究家志村清氏が見事な大溝陣屋の変遷図面を表されている。

それから眺めてみると、信澄時代に築城された大溝城三ノ丸に御本殿が建てられ、北の大手道から冠木門を通り中門を入ると、長玄関から広間と続き御書院、表御居間・御寝所となる。中央の主要な部屋の北側には御作事小屋をはじめ詰所が軒を並べる。一方南側は、御庭・射的場などが記されている。入湖のあいだは竹ヤブと松林になっていたようだが、現在この場所には分部神社が建立されている。

光信の陣屋は、光信自身の居宅と藩庁が内堀内にあり郭内と呼ばれていた。家臣団の武家屋敷は郭内の西側にあり、郭内を含む外濠内を惣郭内と呼称するが、大溝では全てを郭内と呼んでいる。郭内の規模は東西４町余（約４４０ｍ）、南北２町余で内部には東西に北町・中町・南町の３通りが設けられている。二ノ丸が東西92間（約１６５・６ｍ）・南北29間で陣屋の置かれた三ノ丸は東西46間（約82・２ｍ）南北60間で４方に土塁を廻らし、外側は内湖の洞海の水域を整え、水濠に利用している。

分部公の邸宅については、建物が残されていないので判然としないが、『高島町史』に次の様に想定されている。

「邸宅の入口は式台つきの玄関であった。式台は駕籠への乗降の場として設けられたもので、その場には、中世以来の伝統である舞良戸（まらど）が入れられていた。また、邸宅内には床の間や付書院が設計されており、違棚や欄間によって政庁らしさは保たれたものと思われる」

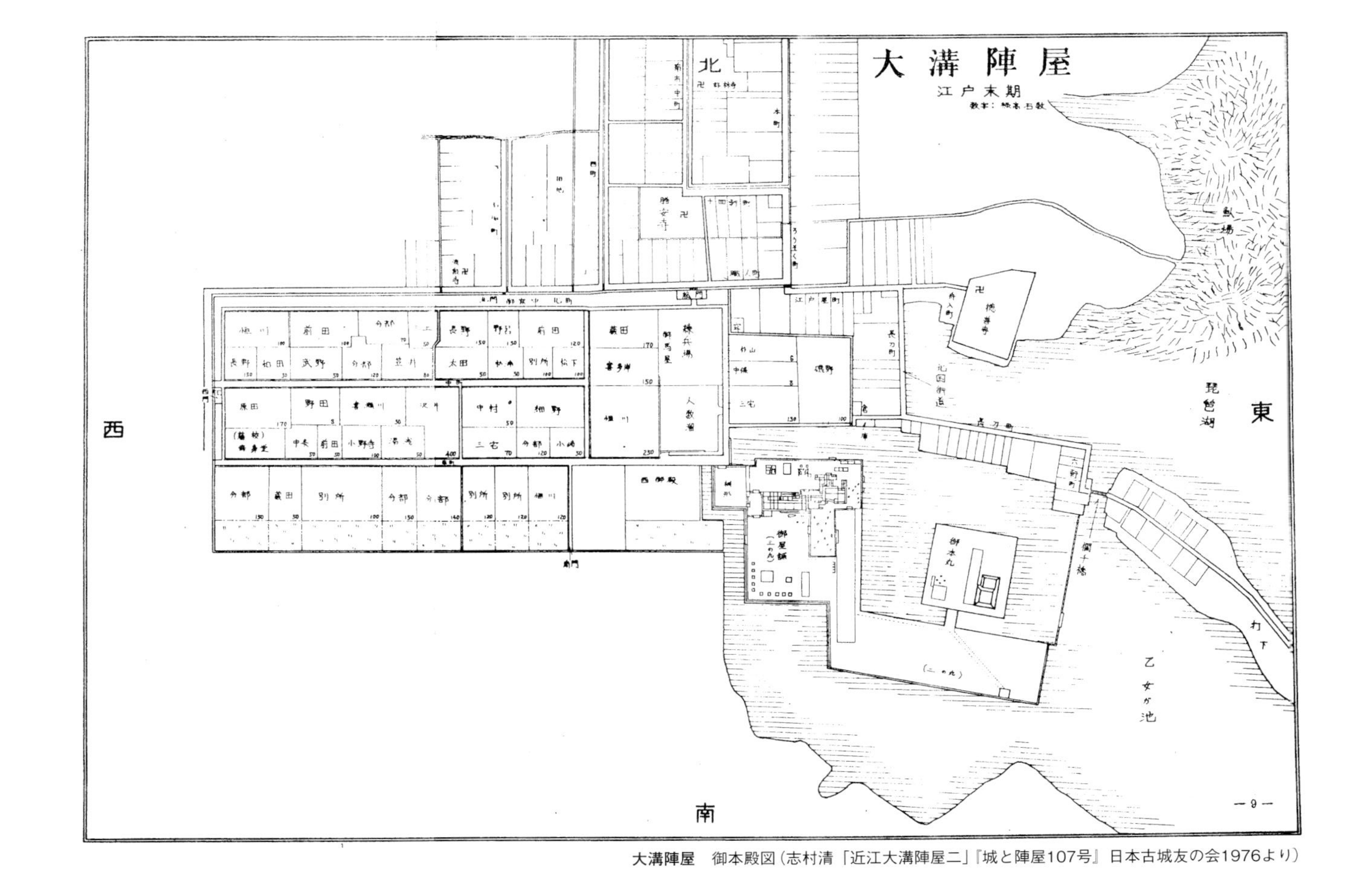

大溝陣屋　御本殿図（志村清「近江大溝陣屋二」『城と陣屋107号』日本古城友の会1976より）

陣屋の遺構と周辺を訪ねて

大溝陣屋総門

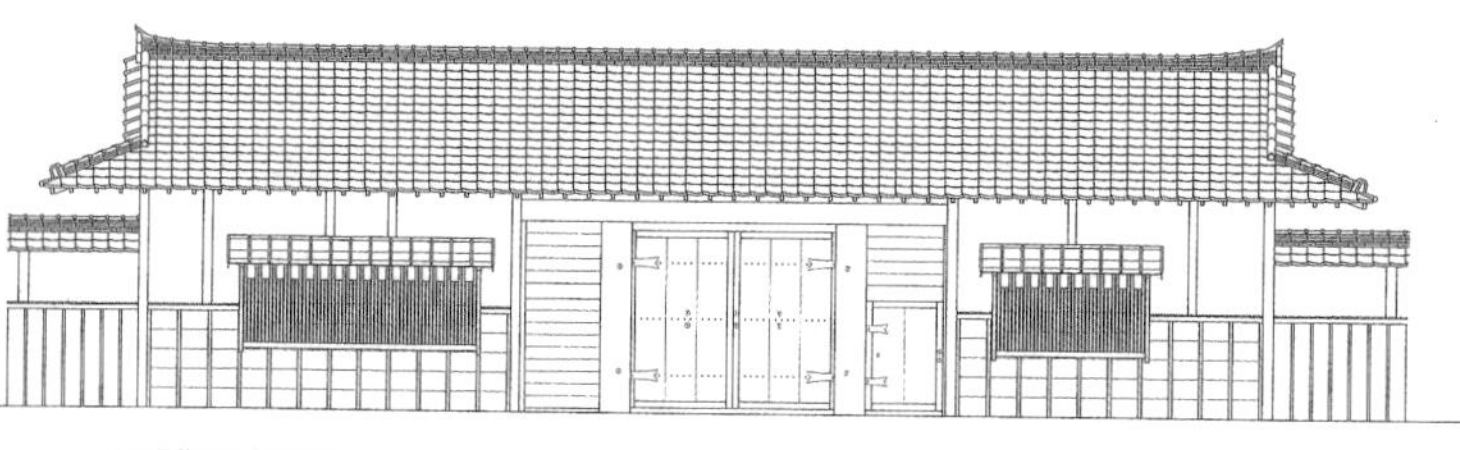

総門復原立面図
（高島町歴史民俗叢書第11輯『高島町旧大溝藩総門調査報告書』高島町教育委員会　2004より）

総門

総門（惣門）は信澄時代の大溝城と城下町・分部時代の大溝藩と陣屋町を分ける門として建てられた。ただし信澄時代の総門は定かではない。現在する建物には修理に伴う宝暦５年（１７５５）の棟札が掛けられていた。棟瓦には分部家の「丸の内に三つ引」定紋が上げられている。構造は桁行９間半、梁間２間の長屋門で、屋根は入母屋、平入、桟瓦葺である。

明治維新以後、住宅に使用され、西側については店舗として貸本屋・文具店の「高島文庫」として近所の小中学生の聖地としての役割を担ってきたが、平成16年に旧高島町、翌年以降高島市の所有となり、「大溝まち並み案内処 総門」として情報発信の場となっている。高島市指定文化財。

なお郭内の北門と南門は解体されたが、西門は明治時代に今津町浜分の個人宅に移築され現存している。建築年代は江戸時代後期と推定される。

今津町に移築された西門

武家屋敷（笠井家）

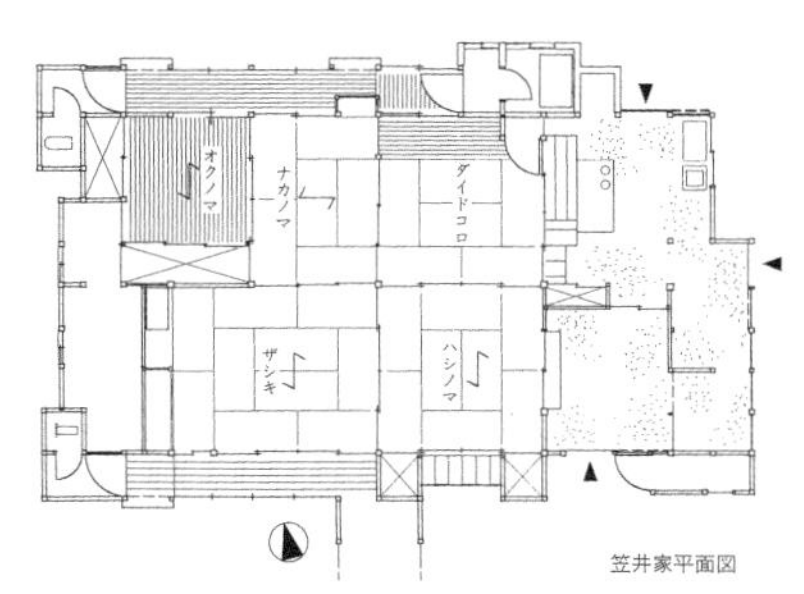

笠井家平面図（高島町歴史民俗叢書第9集『高島町旧大溝城下町の民家』高島町教育委員会 2001より）

武家屋敷

ここでは唯一残っている笠井家住宅を観ることにする。

藩の重臣であった笠井家であるが、現在の当主は14代目に当たる。主屋は茅葺き屋根であるが、現在はトタンが被せられている。南からの平入、桁行7間半、梁間5間、西側の3分の2に2列5室の部屋があり、北西にオクノマ、南西にザシキが設けられ、各隅に便所がある。オクノマは家人用でザシキは客人用に使い分けていたようだ。

また、ザシキの西奥の4畳は「切腹の間」と伝えられている。東側3分の1は土間で、北東角に山王谷より引き込まれた古式水道が、今も流れ込み台所を潤している。

なお中町通りに面して長屋門

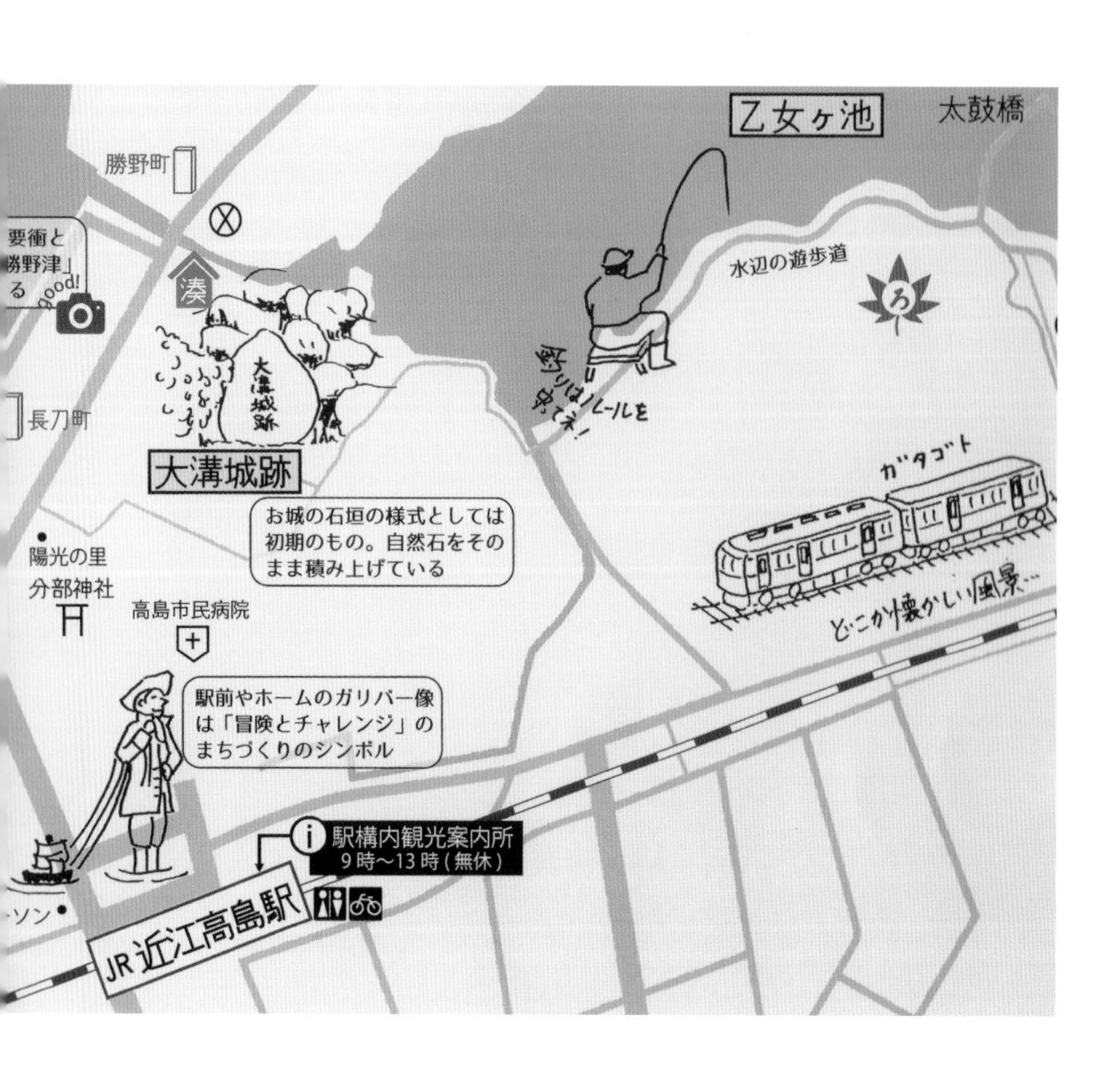

があった。

光信が大溝に入封して以来、家臣団の武家屋敷群も郭内に整然と配置されていたが、明治維新以後は家屋の転出が始まり、多くが田地と変わっていった。

今は数軒が武家屋敷の名残を留めている。

大溝陣屋町

明治以降、陣屋郭内は変貌したが、江戸時代約300軒が軒を並べていた陣屋町は物資集積の中継点の大溝港、北国海道が通る湖西地域の商業地として賑わった。また昭和50年代後半、湖岸寄りに161号高島バイパス（湖西道路）が開通し、旧城下町の町並みは残されている。

それでは町名を記した道標と説明板が各所に立てられている陣屋町を歩いてみることにする。

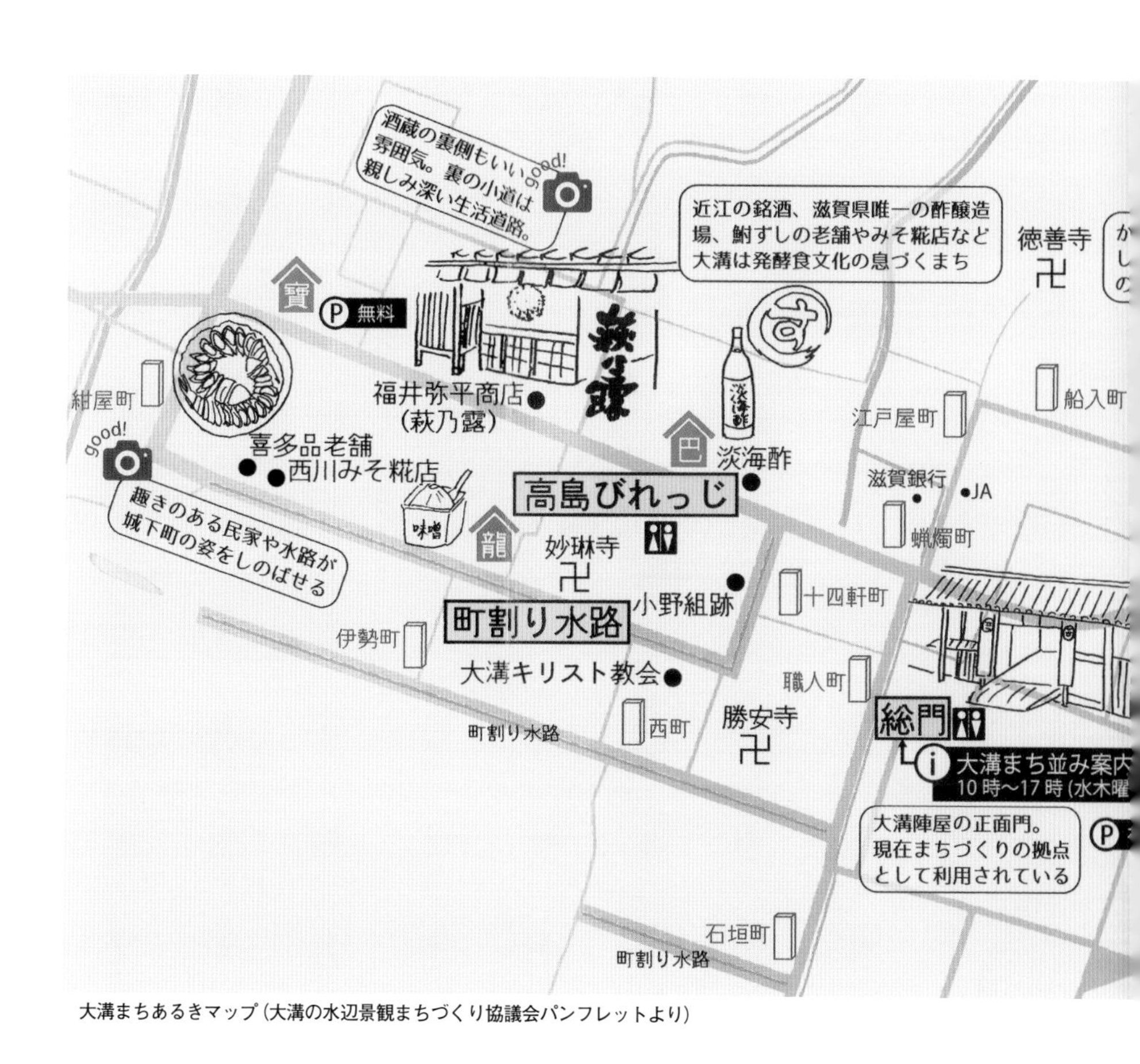

大溝まちあるきマップ（大溝の水辺景観まちづくり協議会パンフレットより）

総門の東、一筋目の本町通りが旧北国海道で、古い町家などを再生した高島びれっじがある。㋜の看板は元信用金庫のびれっじ3号館でスイーツの淡海堂（オウミドウ）。その他絞油商（こうゆしょう）の芳文（よしぶん）・醤油業の芳三（よしさん）だったびれっじ1号館・2号館など地元の商工会有志が改修した建物には食事、買い物、体験などのできる店が営業している。この通りは屋号・芳○を名乗る芳野屋の商家が軒を並べ、芳三の福井三四郎家は一統の本家である。日本酒「萩乃露」の福井弥平商店も屋号は芳弥（よしや）で、福井市之進商店は芳市（よしいち）。観光用駐車場の横には明治21年、勝野村有志で建てられた「北国海道／京大津道」と刻まれた道標がある。さらに北の和田打川あたりが陣屋町の境になる。

観光用駐車場の北を左折、紺

西町通りの町割り水路

揚げ床几が残る職人町町家

町名を記した道標

福井弥平商店の酒蔵

染とキャンドル体験工房のあるびれっじ1・4号館

屋町を通り、中町を南下すると、町割り水路の左に鮒ずしの喜多品老舗や西川みそ糀屋の店が目に入る。水路の先が勝安寺である。

町割り水路は江戸時代、総門を背にして東から本町・中町・西町・石垣町の4つの通りと十四軒町の道の中央に石積みの水路を巡らせている。町割り水路は生活・防火用に使われ、かつて城下の町家には井戸がなかったという。

古式水道

郭内や湊・日吉神社の北側屋敷地の人々は、日吉山や数百m先の湧水を竹樋に通して引き込む古式水道を利用していた。水源地から引かれた水は途中に「タチアガリ」と呼ばれる分水施設が造られ、今も「日吉山水

古式水道タチアガリ

道組合」で維持管理が行われている。この水は「殿さんの水」と呼ばれている。

圓光禅寺

延文3年（1358）照室和尚が伊勢国栗真庄（現三重県津市栗真中山）中山村に創建した円光寺はその後伊勢上野に分部家の菩提寺として移される。

中興の祖である光嘉は信仰心篤く、早世した光勝のために桂芳院や、室の万のために瑞雪院などの塔頭を円光寺域内に建立した。そして光信の転封に伴い、大溝に移されたのである。

現在、伊勢上野にも円光寺は存続し、歴代伊勢上野で活躍した分部氏の菩提と大溝藩主4代の信政が建立した中興の祖である光嘉の華林廟を守り続けるとともに、深く大溝と交流を持ち続けている。近くには光嘉の嫡子光勝の菩提寺である光勝寺も所在する。

大溝の萬松山（ばんしょうざん）圓光禅寺（臨済宗東福寺派）は、郭内の西側の里山に位置する。

寺域の北に一間の山門を開き、形式は薬医門である。本堂は桁行16・4m、梁間12・7mで、中央仏間に本尊の木造釈迦坐像を安置し、脇に歴代分部氏の位牌が並ぶ。

寺伝によると山門は本堂正面にあったと云う。本堂の更に山側に歴代大溝藩主墓所が設えてある。

圓光禅寺

大溝祭

大溝祭は、大溝陣屋町の所在する勝野に鎮座する日吉神社の春の例大祭で、湖西地域唯一の曳山祭と言われている。神社の創建は、嘉祥2年（849）に比良山岳寺院長法寺の鎮守神として坂本の日吉大社より山王権現を勧進したところに始まるとされ、里山の石垣村の産土神として崇敬されていった。

元和5年（1619）に分部光信が大溝に入封すると、前任地伊勢上野での曳山祭を、大溝に伝承したと言われるが定かではない。記録としては町屋巴組に『御祭礼一式留記』という宝永元年（1704）以来の祭礼記録が保存されている。

氏子組織は、現在勝野第2区を中心に曳山を持つ山組町と持たない町、それ以外の地区に分けることが出来る。山組町は、湊（みなと）・巴（ともえ）・寶（たから）・勇（いさみ）・龍（りょう）の5町に分かれている。石垣村は、宮元衆（みやもと）と呼ばれ、神社に奉仕をする役割である。

4月に入ると各山組町は青年会を中心に祭囃子の練習が開始される。

祭礼前日、各山組青年会は、日吉神社境内に各山組町の幟を所定の場所に競って立て、湊組は近くの御旅所に幟を立てる。

町屋では御神灯が出され、家紋入りの引幕が張られる。

宮行事（5月3日）

神前では、夕刻より200灯が奉納され各山組町から羽織・袴の氏子代表が神前協議のため社務所に参集する。

宵山巡行は、5基の曳山がお囃子を披露しながら、午後7時を目途に集合し出発する。

曳山は巡行路の途中決められた場所でお囃子合戦し、囃子方のテンションは上がる。大溝湊に5基の曳山が揃い提灯の明かりが水面を照らし出すと、祭は最高に盛り上り夜遅くまで賑わいをみせる。

本祭（5月4日）

神社では、各組の神社係が参列し例大祭が執行される。各山組町では、曳山に見事

大溝祭宵山（令和元年5月3日）

大溝祭　曳山梃子取り

大溝祭本祭　神輿おろし（令和元年5月4日）

大溝祭本祭　馬場神輿振り（令和元年5月4日）

旧町割と山組

山組名	現町名	旧町名
湊	勝野町	勝野町
		六軒町
	長刀町	長刀町
	江戸屋町	江戸屋町
		舟入町
巴	南本町	南市本町
	職人町	職人町
	蝋燭町	蝋燭町
寶	中本町	新庄本町
	北本町	今市本町
	紺屋町	紺屋町
	東本町	喜呂
勇	三組	今市新町
	二組	新庄新町
	一組	
龍	上中町	今市中町
		新庄中町
	下中町	南市中町
		十四軒町
	西町	西町
		伊勢町

大溝城下町割図と山組

な見送り幕や胴幕が飾り付けられ、上山(うえやま)(2階)には御幣・榊が立ち、下山(したやま)(下階)ではお囃子が奏でられて、総門に向かう。

午前10時、花山を先頭に5基は総門から日吉神社馬場に向けて巡行が始まる。曳山の方向転換はテコ取りと呼ばれ、曳山の前後に出ているテコ棒を若衆数人で担ぎ上げて回転させる(ここが見せ場)。

各曳山が神社の馬場の指定された場所に到着すると、本殿前の鳥居に神輿掻きの若衆が集まる。氏子総代総務や宰領(さいりょう)の挨拶を受けて、全員が勢い良く長い石段を一気に駆け上がり拝殿に置かれた神輿前に集まる。神輿受け渡しの後、神輿は若衆に担がれて石段を大きく練りながら下り神霊遷しの祭場に安置され、神官によって神霊が神輿に無事移される。

次に神輿は若衆に担がれて曳山の前を3往復練り、壮烈な神輿ぶりが披露される。緊張と歓喜の神輿振りを終えると、露払いを先頭に神輿行列は御旅所を目指して、町内巡行へと観衆の大きな拍手を頂いて出発する。

境内馬場では、花山の上山から祝いの餅まきが行われ場内は興奮状態となる。祝いの餅まきを終え興奮が冷めると、5基の曳山は陣屋町の花山山庫を目指して馬場を下る。

令和元年(2019)の大溝祭は、大溝開藩400年に当たる年と云うことで大溝祭400周年祭実行委員会が組織され、例年以上に盛り上がった。

大溝祭のハイライトは、華麗な曳山巡行である。巴組曳山の見送り幕が従来ペルシャ産の絨毯と考えられていたが、新たな研究で18世紀インド産(デカン)であることが判明した。また、青森県むつ市田名部祭(毎年8月18日~20日)の山車祭りが大溝商人によって伝えられた祭であるとの伝承があり、双方が訪問し交流が芽生えつつある。

大溝祭の誕生は、大溝陣屋町の町衆をはじめとする地域の経済的発展と文化度の高さに由来するものだろう。400周年祭では記録映像もひとつの歴史財産として編集された。新たな大溝祭の創生と伝承活動に期待したい。

column

勝安寺

分部神社

分部神社

明治11年（1878）頃より、大溝藩主であった分部家の功績を称えるため、分部神社創建の機運が大溝の有志から高まりだした。同年9月30日、官許を頂いて旧大溝藩庁前庭跡に分部神社が建立された。

本殿は小規模の一間社流れ造りで身舎を載せる。御祭神は分部家の中興の祖である光嘉公から光謙公に至る13世である。例大祭は毎年10月5日に行われる。

大溝藩主分部家の顕彰については分部会が組織されている。

勝安寺

織田信澄の大溝城築城に伴い、安曇川町南市から中町通りに移された勝安寺は浄土真宗本願寺派である。山門は一間薬医門、切妻造で桟瓦葺、北向きに建っている。本堂は　桁行17・6m、梁間15・6m、入母屋造、向拝1間（大正年間の新設）、桟瓦葺だ。織田信澄の書院を拝領し移築されたとの伝承があるが、定かではない。

建築年代については17世紀後期と判定されている。明治29年（1896）6月の長雨で琵琶湖水位が3・4m上昇したが、その時の跡が本堂柱に残されている。

勝安寺の寺務職に岡崎安休（浅井久政の子）と云う人物がいる。安休には一男四女あり、娘の一人、感は因縁により勝安寺二世受珍の妻となる。感は後に水戸頼房（水戸家の祖、光圀の父）の乳母にあがるなどの逸話が残されている。

妙琳寺

勝安寺と同じく安曇川町南市から移された妙琳寺（浄土真宗大谷派）は陣屋町の本町東から中町通に抜ける小路にある。北向きの山門は一間薬医門、切妻造、桟瓦葺で嘉永2年（1849）の建築。本堂は桁行17・8m、梁間16・6m、入母屋造、向拝一間で宝暦12年（1762）の棟札がある。鐘楼は入母屋、桟瓦葺の桁行一間、梁間一間総欅造の特上質な建物。寺伝では、十四軒町に宗家があった江戸期南部盛岡の豪商・小野組が大檀家で、小野氏の寄進と伝わる。

本町通りからみた妙琳寺

昭和16年（1941）4月6日、旧制第四高等学校（現・金沢大学）漕艇部が琵琶湖萩の浜沖で比良連峰から吹き降ろす突風に襲われ部員11名全員が若き命を失う惨事があった。翌17年の1周忌は妙琳寺で追悼法要が営まれ、湖岸に1000本の桜の苗木が植えられ並木入口の一角に「四高桜」の石碑が建立された。

流泉寺

流泉寺は石垣町の南西端に位置する。本堂は桁行13・5m、梁間12・6m、入母屋造、向拝一間で寺蔵資料には明治元年（1868）建立とある。本寺院は分部氏の転封に伴い、伊勢国奄芸郡上野から大溝に移転してきた。陣屋町で唯一の浄土真宗高田派である。

流泉寺

徳善寺

徳善寺（浄土真宗本願寺派）は大溝湊の長刀町の北側に位置する。寺伝によると、元は石垣の道場として開かれるが寛永4年（1627）に現在地に移転したとある。山門を潜ると西面する本堂がある。本堂の規模は桁行17・3m、梁間14・7m、入母屋造、向拝一間である。建立年代は、棟札から文政2年（1819）、大工　村谷嘉右衛門が判明しており、大溝西側の隣村である音羽村大工仲間の仕事といえる。

（白井忠雄）

ご当地案内

大溝藩陣屋跡▼高島市勝野

ＪＲ湖西線近江高島駅から徒歩約5分。駅前にレンタサイクルあり。車の場合、湖西道路志賀ＩＣから国道161号を北へ約15分。陣屋町に市営駐車場あり。

周辺散策

高島歴史民俗資料館▼高島市鴨

大溝城と大溝陣屋から発掘された考古資料が見学できる。▼休館日／月・火・祝日

大溝港からみた徳善寺

大溝藩主分部家墓所（滋賀県指定史跡）

圓光禅寺にある分部家墓所

大溝陣屋の西方山麓には瑞雪禅院、圓光禅寺、大善寺、不動堂、日吉神社などが建ち並んでおり、城下町の寺町のような景観を想わせる。圓光禅寺は臨済宗東福寺派の寺院で藩主分部家の菩提寺として伊勢上野から移された。

境内には分部家歴代の墓所が営まれ、南墓所には2代嘉治、9代光邦、10代光寧、11代光貞、12代光謙の墓が、北墓所には3代嘉高、4代信政、5代光忠、6代光命の墓と、8代光実の前髪塔が営まれている。

墓はそれぞれ基壇に水盤と花立を彫り込み、石柵・石製門扉・拝石・灯籠2基からなり、

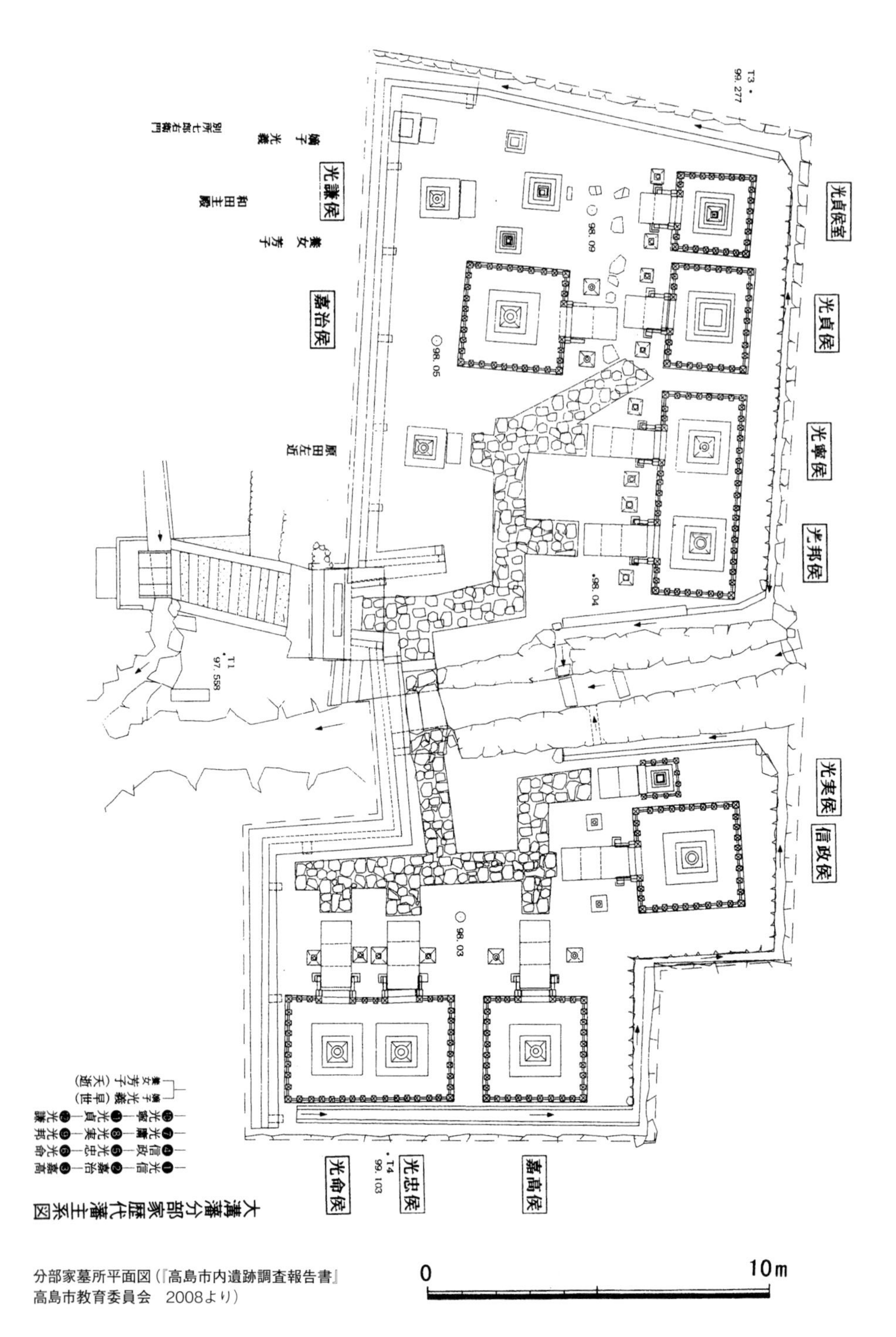

分部家墓所平面図（『高島市内遺跡調査報告書』
高島市教育委員会　2008より）

2代から12代までの歴代藩主墓が揃う分部家墓所

墓標は五輪塔で基壇と反花座を重ねた花崗岩製である。その高さは様々ではあるが、平均高は約254㎝を測る。7代光庸の墓のみ存在しないが、墓所前に建立された石製宝塔に光庸の肖像が安置され、9代光邦の室による舎利禮文と住職筆の法華一石一字経が納められ、これが広義の供養墓とみられる。これによって2代から12代の歴代藩主の墓標が揃うこととなる。

江戸時代の藩主墓は参勤交代で、江戸で没した場合は江戸に、国許で没した場合は国許に葬ることを基本としている。例えば彦根藩主井伊家の場合は彦根の清凉寺と江戸の豪徳寺に墓所が営まれた。ところが分部家ではすべての藩主の墓が国許の大溝に営まれたわけである。もちろん歴代藩主全員が大溝で没したわけではなく、3、5、7、8、9代は江戸で亡くなっており、墓は赤坂の種徳寺松渓院に営まれている。国許の圓光禅寺には遺髪や遺骨を分骨し、分霊墓として墓を営んだのである。このように歴代藩主の墓がすべて国許に営まれた事例は近江で唯一のもので注目される墓制である。

墓所内には藩主墓以外に南臯所には11代室、12代嫡子、養女の墓と、2代嘉治に殉死した和田主殿、原田左近、別所七郎右衛門の墓がある。

なお、初代光信は京都で没しており、墓は京都大徳寺大慈院に営まれている。　（中井　均）

解明 大溝城

　大溝陣屋の前身となる大溝城は、天正6年（1578）に織田信澄が磯野（いその）員昌（かずまさ）の跡を継いで新庄（新旭町）から大溝に移り、築城したことに始まる。この築城により大溝は高島郡の支配拠点となり、元和5年（1619）には分部光信により大溝藩の藩庁として大溝陣屋が設置された。

　大溝陣屋の設置時には、既に大溝城は解体されていたが『織田城郭絵図』には、かつての大溝城三の丸に藩庁となる大溝陣屋が描かれている。

　現在、大溝城や大溝陣屋を区画した本丸や二の丸、三の丸の石垣や堀の多くは埋め立てられ、大溝城本丸天守台跡の石垣を除くと、大溝城に伴う遺構は、地表にはほとんど残っていない状況である。

大溝城遺跡調査の始まり

　昭和40年（1965）前後の高島町立病院建設時に、数点の江戸時代の焼塩壺が発見されたところから大溝城遺跡の調査が始まった。この焼塩壺には「泉州麻生」の刻印があり、1690年代の遺物と考えられる。上方土産として藩庁の宴でも供された食卓塩の容器であろうか。昭和40年当時、近世城郭・城下町の調査は非常に稀なことであった。

　大阪で万国博覧会が開催された昭和45年頃から大型開発工事が多くなると、先の城郭・城下町にも開発の波が来た。

昭和58年度発掘調査

　高島郡立になった高島病院が改修時期に入った昭和58年（1983）頃、隣接する大溝城遺跡の保存についての協議が始まり、城郭の範囲確認調査が実施されることとなった。

　本格発掘調査を実施した昭和58年度の年度末は「59豪雪」と後に呼ばれる大雪の年で大変な調査となったが、調査成果として、本丸天守台跡東側で南北の石垣と織豊期瓦の出土、二の丸跡東南隅ではL字コーナーの

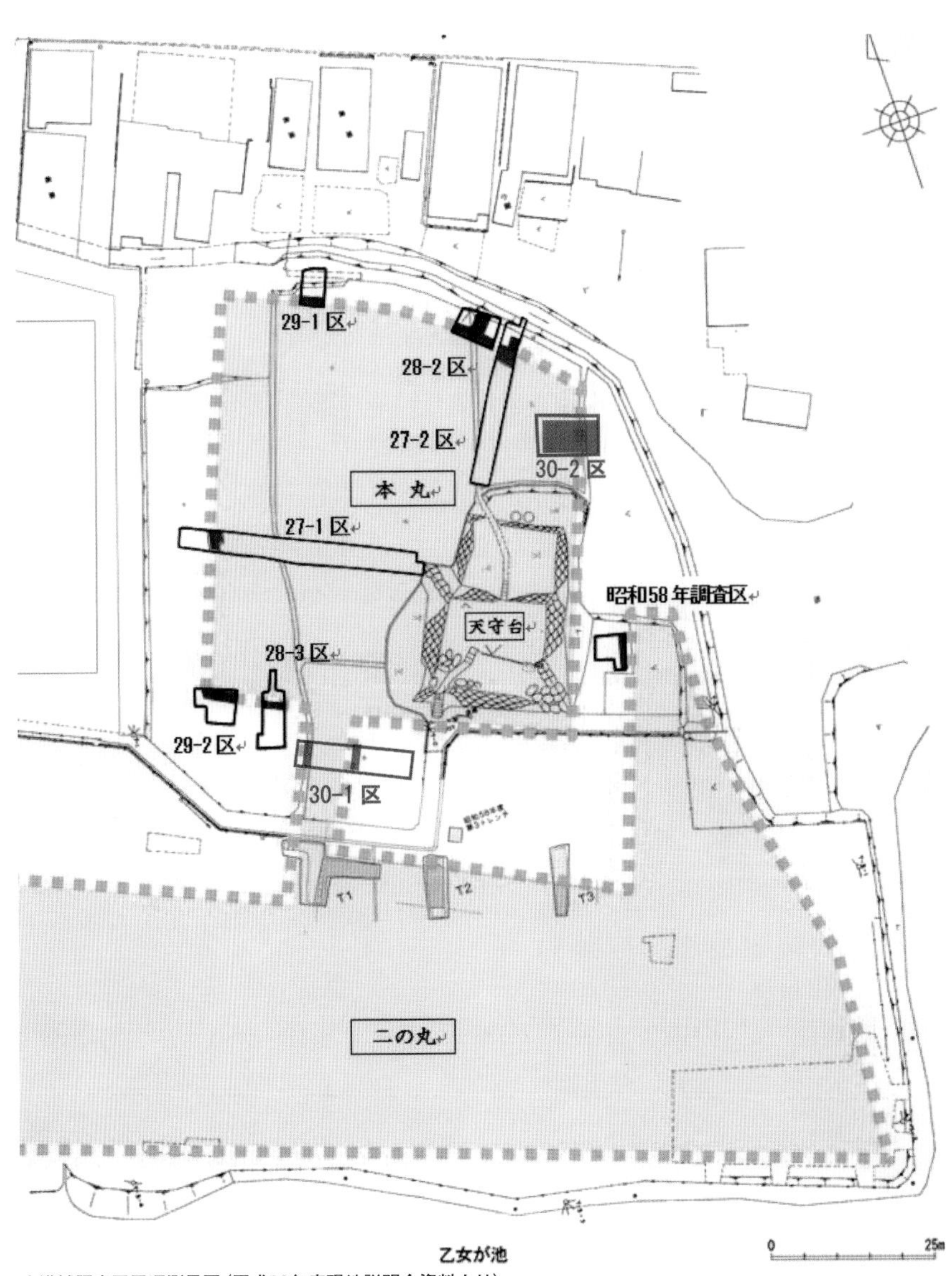

大溝城調査区周辺測量図（平成30年度現地説明会資料より）

石垣基底部を検出することになる。これらの結果を踏まえて大溝城の重要性が説かれ、平成になると天守台跡の公有地化に進むことになる。

平成27年から30年度調査

平成27年（2015）から、「大溝の水辺景観」が国重要文化的景観に選定されたことにより、その重要な構成要素として、大溝城の発掘調査が4ヵ年にわたり実施された。

調査により、大溝城の築城当初をはじめとする天正期の石垣等が検出された。本丸の外郭を示す石垣は、本丸の北端部（27—2区）と西端部（27—1区）、南端部（28—3区）の他、南西隅（29—2区）で検出され、それぞれの石垣は、石垣の面を堀側である外側に向け、東西および南北方向に直線的に延びていた。北端部と西端部の石垣は、基底石まで確認され、基底石から3段程の高さの石積みが地中の残っていることがわかった。また、いずれも基底石の下部には胴木が存在し、天正期の石垣の構築方法などが確認された。なお、東端部では、石垣の存在を示す石材の集積が確認された。

また、本丸北端部では、クランク状に曲がる石垣とそれと対になる石垣が検出された。検出された石垣は、階段状を呈することから、琵琶湖の内湖から本丸に直接上がれる構造の船着場と推測された。

この他、本丸と二ノ丸の間では、堀側に石垣の面が揃う南北方向の2対の石垣遺構（30—1区）が検出された。その石垣の間は約7mにわたる整地により陸地化されており、絵図面等との位置関係から城郭研究家石田敏氏が推定されていた本丸と二ノ丸を繋ぐ「土橋の遺構」と考えられる。

本丸の各方面で検出された石垣の外郭ラインから、大溝城の本丸は東西約55m、南北約60m、面積は約3300㎡と推定された。この他、内湖からの船着場や堀にかかる土橋、本丸を囲む堀跡の存在が明らかになるなど、大溝城の水城としての様相を示す調査研究として注目された。

これらの調査で検出された多くの石垣遺構は、「大溝城下古図」、「大溝古城郭之絵図」といった古絵図に描かれた位置とほぼ一致することから、これらの信憑性も高める発掘調査であった。

（宮﨑雅充・下澤卓巳）

第5章 その他の大名陣屋

三上藩陣屋長屋　昭和62年撮影（野洲市歴史民俗博物館撮影・所蔵）

三上藩陣屋

美濃郡上藩主遠藤家は無嗣改易されたが、幕府は藩祖慶隆の功績により胤親（たねちか）を養子として遠藤家を再興させ、元禄11年（1698）に所領を近江に移して三上藩が立藩した。遠藤家は定府大名であり、陣屋は現在の野洲市三上に置かれた。6代藩主胤城（たねき）のときに明治維新を迎え、胤城は明治2年（1869）に三上藩知事を仰せ付けられたが、翌3年に許可を得て藩庁を和泉国吉見に移し、吉見藩が成立し、三上藩陣屋は吉見藩三上出張所となった。

陣屋の構造については絵図等が残されておらず不明であるが、昭和60年代までは陣屋長屋が残されていた。しかし、現在陣屋の痕跡はまったく残されていない。

常永寺に移築された三上藩陣屋の表門

なお、陣屋の表門が湖南市の常永寺に移築され現存している。また、5代藩主胤統（たねのり）が御定番として大坂在城の時、玉造口御定番上屋敷で夭折した亀若の墓が

野洲市三上の寶泉寺にある亀若の墓

三上の寶泉寺に残されている。

万延元年（1860）に胤統は若年寄在勤の功績により城主格に列せられている。

山上藩陣屋

駿河譜代の稲垣長茂の子重大（しげもと）は大身の旗本で、その子重定が若年寄となり、5000石の加増によって1万3000石となった。元禄11年（1698）に常陸国の所領が近江国へ移り、神崎郡山上（やまがみ）を居所としたことにより山上藩が立藩した。稲垣氏は定府大名であり知行地には居住していない。

愛知川紅葉橋左岸にある山上藩陣屋の看板

ところで「領知目録書抜」には稲垣氏の居所は天明8年（1788）まで「近江長山」と記しており、立藩当初から山上に陣屋を構えていたわけではなさそうである。

稲垣氏の幕府からの問い合わせによると寛政6年（1794）に山上への陣屋建設を許可され、同9年に完成している。9代藩主太祥（もとよし）は明治2年（1869）に山上藩知事を仰せ付けられ、山上に居住することとなった。さらに家臣およびその家族も山上入りすることとなり、定府大名の役所的な陣屋ではまかないきれず、翌3年より安養寺の敷地に藩主邸の建設がおこなわれた。その大工頭には宮大工として著名な坂田郡常喜村の宮部太兵衛が呼ばれている。

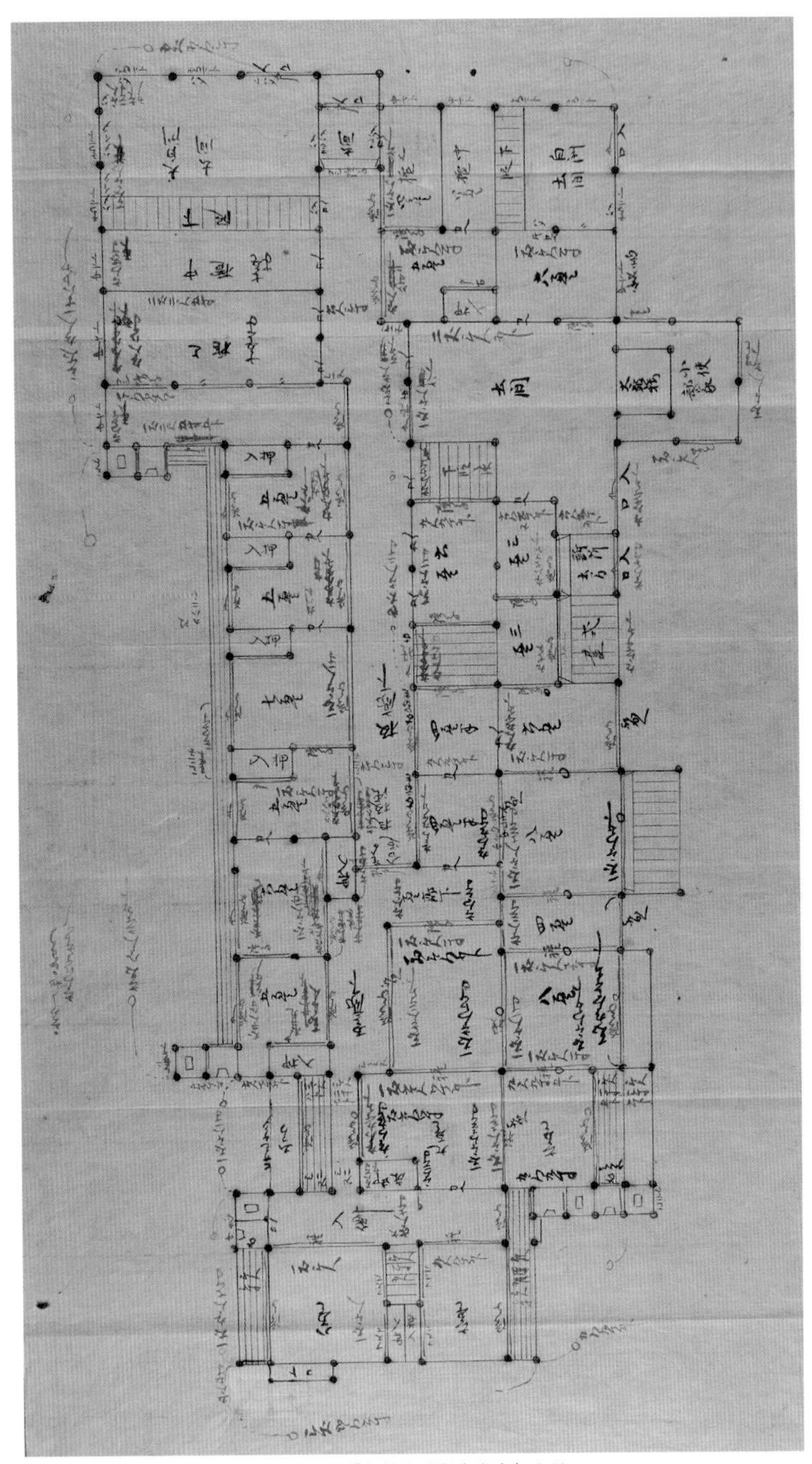

山上藩陣屋御殿絵図。御藩庁建前之図「宮部太兵衛家文書」より

山上藩士が住んだ長屋。昭和57年頃

しかし、翌4年7月には廃藩置県により山上藩が廃され山上県となるが、同11月には山上県も廃止され、太祥らは東京に引き上げることとなった。同6年には滋賀県に対して藩庁などの払い下げ願いが出されたが、その対象となったのが、山上県陣屋の建物として旧庁1棟、学校1棟、米蔵7棟、門2棟、空屋2棟、鎮守社1棟、物置6棟、立木41本、練兵場の建物として屯所1棟、小屋1棟、柵門2ケ所、その他厩1棟、張番所1棟、秣小屋1棟、物置1棟と記されている。こうした建物から明治3年に造営された山上藩陣屋の様子をうかがうことができる。

なお、こうした陣屋の建物以外に藩士の住居となった長屋なども存在しており、長屋は昭和60年頃まで残されていた。しかし、現在では陣屋の痕跡は一切残されていない。

小室藩陣屋

茶人・作庭家として著名な小堀遠州は本名を政一と言い、浅井郡小堀村の土豪小堀正次の子として生まれた。正次はのちに

陣屋跡地に建つ小室城跡石碑

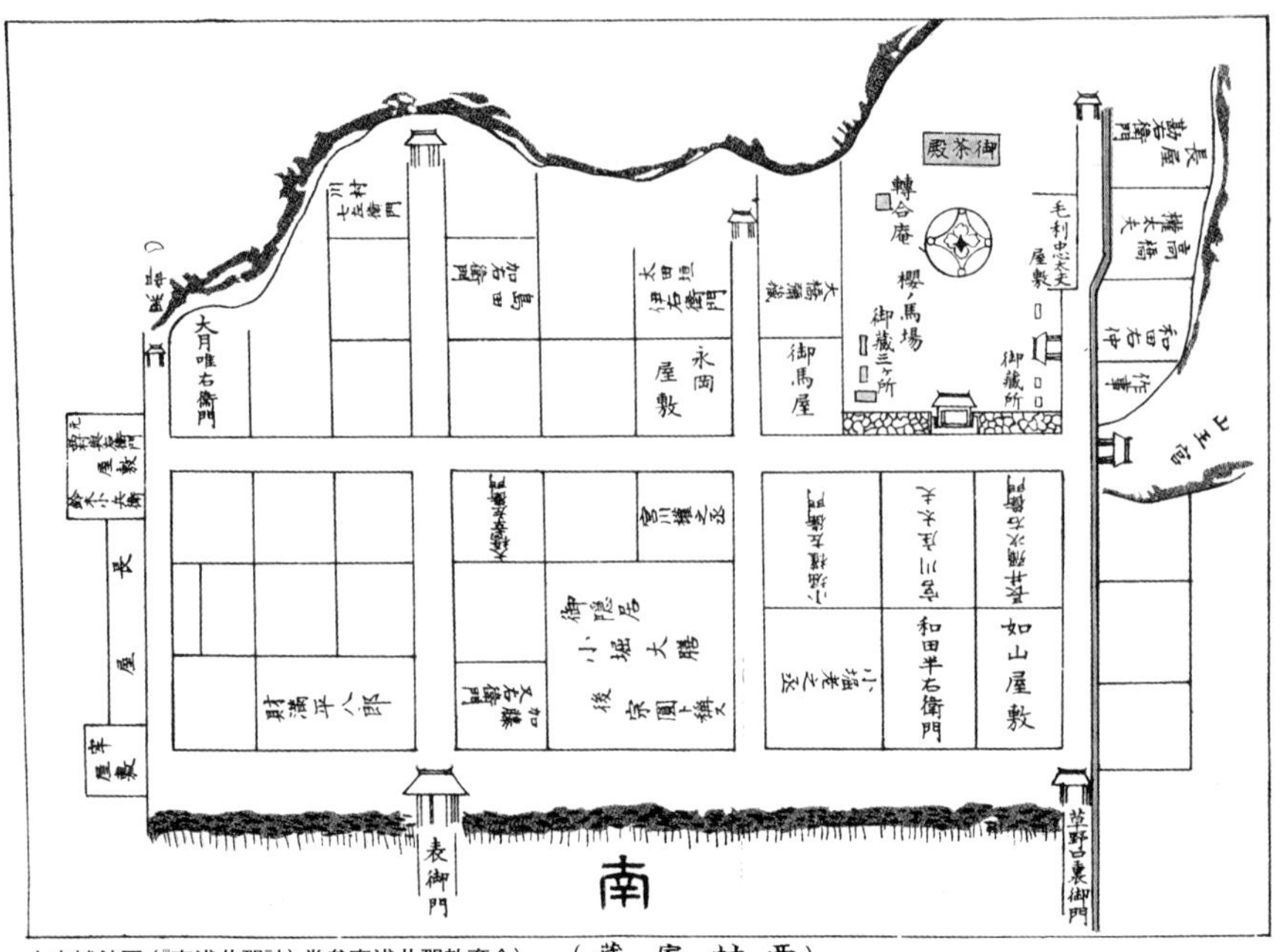

小室城館図（『東浅井郡誌』巻参東浅井郡教育会）　（西村家藏）

豊臣秀長、徳川家康に仕え、関ヶ原合戦後は備中松山藩主となる。正次の死後所領が近江に移り、元和5年（1619）に政一により小室藩が立藩された。その後分知により石高は1万630石となる。小堀氏は外様大名であったが、5代藩主政峯が長年若年寄を務めたことより譜代格となった。しかし天明8年（1788）年、6代政方（まさみち）が伏見騒動により不正が糺され改易となり、小室藩は廃藩

西通寺に移築された小室陣屋門

近江孤篷庵の小堀家歴代墓所

文政８年（1825）本堅田村絵図部分（伊豆神社所蔵）

となった。

陣屋は政一の子正之が慶安元年（１６４８）に造営した。その規模は東辺55間、南辺53間半、西辺53間半、北辺58間半のほぼ１００ｍであった。南を正面に表門が構えられ、元禄年間の絵図によると、屋敷、蔵所、馬場のほか転合庵、養保庵という茶室があったのは小堀家の陣屋らしい。これらの建物は寛政元年（１７８９）に競売にかけられ、現在陣屋の痕跡は認められない。

上野に所在する近江孤篷庵（こほうあん）は正之が父政一の菩提を弔うために京都大徳寺から円恵を招いて開山したもので、小堀家の墓が建立されている。墓標は火輪が円形笠型の変形五輪塔で、いかにも茶人遠州の墓らしい。なお、陣屋門が近郊の西通寺に移築され残されている。門の鬼瓦には小堀家の家紋である花輪違紋が施されている。

堅田藩陣屋

大老堀田正俊の3男正高は貞享元年（１６８４）に１万石を分

祥瑞寺の堅田藩３代藩主堀田正永墓

堅田陣屋跡

知され下野佐野藩主となる。
元禄11年（1698）に近江滋賀・高島郡に領地替えとなり堅田藩が立藩された。文化3年（1806）には6代藩主正敦に3000石の加増があり1万3000石となる。同8年には城主格となり、文政9年（1826）に下野佐野に移封され、堅田藩は廃藩となった。
陣屋は本堅田村に置かれ、文政8年（1825）の本堅田村絵図には東面が琵琶湖に面し、北・西・南三方に堀を巡らせた御陣屋が記されている。現在陣屋の痕跡はわずかに堀跡が残されているだけである。
なお、隣接する祥瑞寺は一休禅師修行の寺として著名であるが、藩主堀田氏の菩提寺でもあり、三代藩主正永の墓所が営まれている。

ご当地案内

三上藩陣屋跡▼野洲市三上
JR東海道線野洲駅からバス5分、山出前下車、徒歩2分。車の場合、名神栗東ICから約15分。駐車場なし。

周辺散策

大嘗祭悠紀斎田（だいじょうさいゆきさいでん）▼野洲市三上
昭和3年の大嘗祭に選ばれたのが三上村条川家の田。国道近くに記念碑があり、毎年5月にお田植まつりが行われている。

御上神社▼野洲市三上
国道8号を隔てた森に鎮座し、三上山を神体山とする神社。本殿は国宝。

山上藩陣屋跡▼東近江市山上町
近江鉄道八日市駅からバスで約30分山上下車、徒歩5分。車の場合、名神八日市ICから約20分。

周辺散策

永源寺▼東近江市永源寺高野町
臨済宗永源寺派大本山。六角氏頼が寂室に帰依、伽藍を創建した。江戸時代には彦根藩井伊氏により諸堂が整えられた。

日登美美術館▼東近江市山上町
民藝運動関連作家を中心とした陶芸、特にバーナードリーチの作品は日本一の収蔵数を誇る。隣接はヒトミワイナリー。

小室藩陣屋跡▼長浜市小室町
JR北陸線河毛駅から約6・5㎞。駅前にレンタサイクルあり。車の場合、北陸道長浜ICから約13分、同小谷城スマートICから約10分。駐車場なし。

周辺散策

五先賢の館▼長浜市北野町
長浜市田根地区ゆかりの小堀遠州・片桐且元・海北友松・相応和尚・小野湖山の先人の偉業を展示と映像で紹介。

堅田藩陣屋跡▼大津市本堅田1丁目
JR湖西線堅田駅からバス堅田出町下車、徒歩5分。車の場合、湖西道路真野ICから約14分。バス停横に駐車場あり。湖族の郷資料館に駐車場、レンタサイクルあり。

周辺散策

浮御堂▼大津市堅田1丁目
恵心僧都が湖上安全と衆生済度を祈願して建立。近江八景「堅田の落雁」でも有名。

居初氏庭園▼大津市本堅田2丁目
堅田の誕生以来、支配者として活躍した殿原衆の筆頭・居初家にある庭園。琵琶湖と対岸の三上山を借景としており、国指定の名勝。

あとがき

本書の刊行は遅きに失したかも知れない。すでに陣屋にかかわる多くの遺構が失われてしまった。陣屋自身の評価が低く、その解体に誰も関心を示さなかった。それゆえ今後も遺構が失われる可能性がある。そこで現状を伝えたい思いで編んだのが本書である。

昭和45年のことと記憶するが、大坂城研究者として著名な志村清氏に連れられて大溝藩陣屋を訪ねた。総門の長屋部分は現役で文房具店が営まれていた。武家屋敷地では笠井家住居にご子孫がお住まいで、座敷で色々とお話をうかがったことが思い出される。原田氏屋敷の母屋もまだ残されていた。

さらに彦根城研究者として知られる海津栄太郎氏と訪れたときは圓光禅寺で古い襖がちょうど燃やされていた。海津さんはその襖の下張から古文書を発見され、のちに徳川慶喜が二条城で大政を奉還したことを大溝藩主に知らせるものであったことがわかった。

かつての仁正寺藩陣屋町（1990年筆者撮影）

仁正寺藩陣屋では藩主市橋家の菩提寺清源寺を訪ねた時、その藩主墓所の構造に大変興味を惹かれた。国許で亡くなった三人の藩主の墓標は江戸型の宝篋印塔であり、大名墓を考えるうえで実に貴重な資料であると思い、日野町教育委員会の振角さんと相談し、その墓所が平成29年3月に滋賀県指定史跡にすることができた。小藩にかかわる遺跡がどんどん失われていくなかで指定できたことは快挙であった。一方で初めて訪れたときは陣屋横の家臣屋敷が残されていたのであるが、近年改修されてしまった。

三上陣屋や山上陣屋では昭和60年頃までは長屋も残されていたのであるが、これも今はもう見ることができなくなってしまった。おそらくこれからも小藩の藩庁のあった痕跡はどんどん失われていくことだろう。

そうした現状を長浜市の太田さんや日野町の振角さんと話しているなかで、近江の陣屋本を出したいと思い、サンライズ出版の岩根治美専務に相談した。当初陣屋の本など売れるのかと心配されたのであるが、相談を繰り返すなか、陣屋の面白さに引き込まれたようで、最後は山上陣屋や三上陣屋まで行って写真を撮ってきてくださった。いつもながら専務なくして本書は出来上がらなかったものと感謝申し上げたい。

私事で恐縮であるが、私は三月で滋賀県立大学を定年退職することとなった。本書はその最後の仕事となった。執筆者の皆さんとサンライズ出版社に感謝申し上げたい。

中井　均

二〇二一年三月

参考文献

板倉賢芳『圓光寺六百年史』円光寺　２００４
永源寺町史編さん委員会『永源寺町史』通史編 東近江市　２００６
太田浩司「宮川藩の堀田氏」『湖国と文化』60　１９９２
太田浩司「堀田正養―宮川藩最後の藩主―」『長浜み―な』VOL20　１９９３
大溝祭保存会編『滋賀県選択無形文化財調査報告書 大溝祭』大溝祭保存会　１９８７
笠井劼編『分部会歴史叢書第壱輯 増補復刻版 集成 分部家系譜』分部会　２００４
川那部祐成編『勝安寺懐古』川那部祐成　１９８３
朽木村史編さん委員会『朽木村史』通史編 資料編 高島市　２０１０
米田藤博『新装改訂版 小藩大名の家臣団と陣屋町』（１）―近畿地方―　クレス出版　２０２０
滋賀県『滋賀縣史』第六巻 附圖　１９２７
滋賀県教育委員会編『滋賀県中世城郭分布図８』滋賀県教育委員会　１９９１
滋賀県日野町教育会編『近江日野町志』臨川書店　１９３０
志村清・岡久雄・吉田勝編「近江 大溝陣屋」『城と陣屋』44号　清風出版社　１９６９
志村清「近江大溝陣屋（二）」『城と陣屋』１０７号　日本古城友の会　１９７６
市立長浜城歴史博物館『特別展　湖北の木匠―図面・古文書・道具でみる大工の姿』１９９６
高島郡教育会編『増補 高島郡誌 全』饗庭昌威　１９７２
高島市教育委員会編『高島市内遺跡調査報告書』高島市教育委員会　２００８
高島市教育委員会編『高島の城と城下～城・道・港～』高島歴史探訪ガイドブックⅠ　高島市教育委員会文化財課　２０１３
高島市教育委員会編『大溝城遺跡発掘調査報告書―平成27～30年度』高島市教育委員会　２０２０
高島町教育委員会編『高島町大溝の福井家住宅調査報告書』高島町歴史民俗叢書第８集　高島町教育委員会　１９９７
高島町教育委員会編『高島町旧大溝藩総門調査報告書』高島町歴史民俗叢書第11輯　高島町教育委員会　２００４

高島町史編さん室編『高島町史』高島町役場　１９８３
高島町史編さん委員会編『図説 高島町の歴史』高島町　２００３
高島町文化協会民具クラブ編『高島町歴史写真館』高島民俗叢書第2輯　１９９３
中川晃成「近江宮川藩、最後の日々―消えゆく近世・明治維新を小藩に生きたひとびと―」『龍谷大学里山学研究センター２０１９年度報告書』２０２０
長浜市長浜城歴史博物館『企画展　近江宮川藩と歴代藩主たち』２０１９
中村貢編『高島町歴史民俗叢書第一輯 大溝陣屋郭内の昔話』高島町教育委員会　１９８０
東浅井郡教育会『東浅井郡志』巻参　１９２７
日野町教育委員会『西大路武家屋敷調査報告書』１９９５
日野町史編さん委員会『近江日野の歴史』第5巻文化財編　２００７
日野町史編さん委員会『近江日野の歴史』第2巻中世編　２００９
日野町史編さん委員会『近江日野の歴史』第3巻近世編　２０１３
ふるさとに学ぶ会編『鴻溝録 全（解読）』高島町歴史民俗叢書第10輯　ふるさとに学ぶ会　２００１
野洲町『野洲町史』第2巻通史編2　１９８７
山岸常人編『高島町旧大溝城下町の民家』高島町歴史民俗叢書第9集　高島町教育委員会　２００１

■写真提供一覧

頁数のみを記しているものは、その頁の全点。下記以外の写真は執筆者撮影。

日野町教育委員会　p2-3, p13, p14, p16上, p17, p24下, p25, p26, p28下, p30, p31上, p40, p41下
長浜市長浜城歴史博物館　p59, p60-61, p100
高島市教育委員会　p4, p64, p66, p67, p68, p70, p71, p78, p79, p82, p83, p85, p88, p89, p90
滋賀県立安土城考古博物館　p65
東近江市能登川博物館　p101上
大津市歴史博物館　P103上

■執筆者一覧

太田　浩司　長浜市市民協働部学芸専門監
来見久美子　高島歴史民俗資料館
下澤　卓巳　高島市役所
白井　忠雄　高島歴史民俗資料館
振角　卓哉　蒲生郡日野町教育委員会
宮﨑　雅充　高島市教育委員会

■編著者略歴

中井　均（なかい ひとし）

1955年大阪府生まれ。龍谷大学文学部史学科卒業。滋賀県文化財保護協会、米原市教育委員会、長浜城歴史博物館館長を経て、滋賀県立大学人間文化学部教授。専門は日本考古学。

主な著作

『近江の城―城が語る湖国の戦国史』（単著）サンライズ出版1997年
『彦根城を極める』（単著）サンライズ出版2007年
『城館調査の手引き』（単著）山川出版社2016年
『近江の山城を歩く』（編著）サンライズ出版 2019年
『信長と家臣団の城（角川選書）』（単著）KADOKAWA 2020年
『中世城館の実像』（単著）高志書院　2020年

近江（おうみ） 旅の本

近江の陣屋を訪ねて

2021年3月31日　　初　版　第1刷発行

編著者　中井　　均

発行者　岩根　順子

発行所　サンライズ出版

〒522-0004 滋賀県彦根市鳥居本町655-1
TEL 0749-22-0627　FAX 0749-23-7720

印刷・製本　シナノパブリッシングプレス

ISBN978-4-88325-723-2 Printed in Japan

近江の商人屋敷と旧街道

NPO法人三方よし研究所 編
ISBN978-4-88325-265-7
定価1,980円

近江八幡、五個荘、高島、日野、豊郷……。旧街道沿いに残る近江商人の屋敷や町並みを訪ね、近江商人の業績を案内。

北近江の山歩き
——花と琵琶湖と歴史に出会う

西　岳人 著
ISBN978-4-88325-349-4
定価1,980円

伊吹山、賤ヶ岳、小谷山など花と歴史に彩られた北近江周辺の52の山を歩く。コースタイム、ベストシーズン、周辺のスポットも紹介。

近江路花歩き
——花を楽しむ健康ハイク

近江路花歩きの会 編
ISBN978-4-88325-356-2
定価1,980円

花の寺や花の杜、琵琶湖湖岸の並木や野生植物、宿場町の水中花など、四季折々の草木を楽しみながらの日帰りハイク28コースを案内。

近江東海道を歩く

八杉　淳 著
ISBN978-4-88325-417-0
定価1,980円

京三条大橋から大津、草津、石部、水口、土山、そして鈴鹿峠まで。歩いて楽しめる詳細ルート図付きガイドブック。

滋賀・びわ湖——水辺の祈りと暮らし

淡海文化を育てる会編／辻村耕司
ISBN978-4-88325-629-7
定価2,200円

日本遺産「琵琶湖とその水辺景観—祈りと暮らしの水遺産」に選定された各地を写真で紹介。本文・アクセスとも英文表記付き。

滋賀酒——近江の酒蔵めぐり

滋賀の日本酒を愛する酔醸会 編
ISBN978-4-88325-620-4
定価2,200円

旨い水と旨い米。伝統の技で醸す近江の酒蔵を訪ね、蔵元イチ押しの酒を紹介。酒造用語豆知識や珍味の取り寄せ情報も掲載。

近江の能——中世を旅する

井上由理子 著
ISBN978-4-88325-665-5
定価2,750円

近江を舞台にした能の演目15曲と、乱曲、狂言について、作品のあらすじとともにその背景や歴史を案内。

定価は消費税10％込の税込価格です。